地理信息系统城市空间分析应用教程

贺三维　编著

本教材出版受以下项目资助：国家自然科学基金资助项目（41601162）、中南财经政法大学中央高校教育教学改革专项资金资助（研究生精品教材项目编号YZJC201906）

武汉大学出版社

图书在版编目(CIP)数据

地理信息系统城市空间分析应用教程/贺三维编著. —武汉:武汉大学出版社,2019.12
ISBN 978-7-307-21266-4

Ⅰ.地… Ⅱ.贺… Ⅲ.地理信息系统—应用—城市空间—分析 Ⅳ.TU984.11-39

中国版本图书馆 CIP 数据核字(2019)第 239431 号

责任编辑:王 荣　　责任校对:汪欣怡　　版式设计:马 佳

出版发行:**武汉大学出版社**　(430072　武昌　珞珈山)
　　　　　(电子邮箱:cbs22@whu.edu.cn 网址:www.wdp.com.cn)
印刷:湖北睿智印务有限公司
开本:787×1092　1/16　印张:12.25　字数:288 千字　插页:1
版次:2019 年 12 月第 1 版　　2019 年 12 月第 1 次印刷
ISBN 978-7-307-21266-4　　定价:30.00 元

版权所有,不得翻印;凡购买我社的图书,如有质量问题,请与当地图书销售部门联系调换。

前　言

笔者在教授地理信息系统相关课程中发现，城市管理和区域经济学等专业的本科生或研究生经常困扰于一些操作性和技术性的问题，目前市面上的教材多偏重于地理信息系统的理论知识，缺乏与专业知识的深层次结合。城市管理和区域经济学具有几大特色的专题应用问题，如区域经济发展差距及其驱动因素、城市土地利用变化、交通可达性等。本书拟建设针对本学科区域经济学科点所需要的典型案例库，包括理论知识、数据支撑、案例区域选取、研究方法分析、最新研究进展等方面，以期望学生对本学科知识点形成一套完善的理论和应用知识框架，增强专业认识和认同感。本书将针对学生面临的专业知识和方法困惑，分为几大应用专题，选择案例库，并形成一套实验操作流程，清晰展示数据收集、处理、思考方法、问题解决、寻找创新点等过程。

本书主要注重于地理信息系统在城市研究中的应用实践，多数案例是基于作者的项目研究和论文写作经验，纳入了地理信息系统常用的空间分析功能以及一些前沿的空间分析插件。地理信息系统的应用是比较综合性的，往往涉及多种空间分析功能，希望读者能通过本教材的学习达到融会贯通、熟练掌握地理信息系统软件的目的。

在编著本书的过程中，甘杨旸、余姗、胡锦绣、王雾、陈钟铭、吴为玲和王神坤在文献收集、书稿整理和插图编绘等方面作出重要贡献。在本书付梓之余，衷心地向为本书撰写提供帮助的人员表示感谢！

同时，本书受到了以下项目的资助：国家自然科学基金资助项目（41601162）、中南财经政法大学中央高校教育教学改革专项资金资助（研究生精品教材项目编号YZJC201906）。

本书的所有实验数据可以从以下两个途径获取：一是找作者免费获取，邮箱为hesanwei@zuel.edu.cn；二是从百度云链接直接下载，下载链接为https：//pan.baidu.com/s/1P_iCjndpnqKLZB8ggdlpGg，密码为uija。

由于编写人员水平有限，书中难免存在不少问题，真切希望各位专家和读者不吝指教！

目　录

第一章　GIS在城市基础特征分析中的应用 ·· 1
- 第一节　方法概述 ·· 1
- 第二节　案例1：抓取武汉市银行POI后进行核密度分析 ······················ 4
- 第三节　案例2：基于多准则判断的城市垃圾收集站空间选址 ············ 10

第二章　GIS在城市地形和水文分析中的应用 ·· 19
- 第一节　数据准备 ·· 19
- 第二节　常见的地形制图法 ·· 22
- 第三节　地形要素 ·· 29
- 第四节　案例1：地形分析 ·· 33
- 第五节　案例2：水文分析 ·· 40
- 第六节　案例3：滑坡敏感性制图分析 ·· 45

第三章　GIS在城市环境中的应用 ·· 52
- 第一节　概念梳理 ·· 52
- 第二节　全局插值法 ·· 53
- 第三节　局部插值法 ·· 55
- 第四节　空间插值方法的比较 ·· 61
- 第五节　案例：全国空气质量专题图 ·· 62

第四章　GIS在城市空间可达性中的应用 ·· 71
- 第一节　地理网络分析 ·· 71
- 第二节　网络中心性与道路形态 ·· 78
- 第三节　案例1：基于多模式网络数据集的最优路径分析 ················ 80
- 第四节　案例2：基于两步移动搜寻法的可达性分析 ························ 84
- 第五节　案例3：网络中心性与道路形态分析 ···································· 92

第五章　GIS在城市经济发展中的应用 ·· 98
- 第一节　空间格局表征和计量 ·· 98
- 第二节　探索性空间数据分析 ·· 101

第三节　空间回归分析 ………………………………………………………… 109
　　第四节　案例1：我国县域发展时空格局变化分析 …………………………… 113
　　第五节　案例2：我国县域经济集聚度分析 …………………………………… 119
　　第六节　案例3：我国县域经济发展驱动因素分析 …………………………… 120

第六章　GIS在城市土地利用中的应用 …………………………………………… 123
　　第一节　土地利用变化 …………………………………………………………… 123
　　第二节　城市土地利用空间结构 ………………………………………………… 124
　　第三节　城市景观格局 …………………………………………………………… 124
　　第四节　案例1：分析武汉城市圈土地利用的时空变化 ……………………… 126
　　第五节　案例2：城镇建设用地的梯度分析和方位分析 ……………………… 136
　　第六节　案例3：城市建设用地的生态适宜性分析 …………………………… 149
　　第七节　案例4：城市景观格局演变 …………………………………………… 159

第七章　GIS在城市流向分析中的应用 …………………………………………… 167
　　第一节　城市间经济联系 ………………………………………………………… 167
　　第二节　案例1：全球国家间的流向分析 ……………………………………… 168
　　第三节　案例2：城市间经济联系强度分析——以珠三角城市群为例 ……… 174

参考文献 ………………………………………………………………………………… 182

第一章　GIS 在城市基础特征分析中的应用

第一节　方法概述

一、核密度分析

核密度估计(Kernel Density Estimation，KDE)通过计算一定窗口范围内的离散点密度，将计算结果作为该窗口的中心值。对于落入搜索范围内的点，赋予不同的权重，越接近搜寻中心的点或线，权重越大；反之亦然(詹璇等，2016)。密度在点 x_i 的位置最高，向外不断降低，在距离点的搜索半径处密度为0。核函数和带宽决定了隆起的形状，这种形状反过来决定估算中的平滑量。网格中心处的核密度为窗口范围内的密度和：

$$\hat{f}(x) = \frac{1}{nh^d} \sum_{i=1}^{n} K\left(\frac{x - x_i}{h}\right) \tag{1-1}$$

式中：$K\left(\dfrac{x - x_i}{h}\right)$ 为核密度方程；h 为阈值；n 为阈值范围内的点数；d 为数据的维数。例如，当 $d = 2$ 时，一个常见的核密度方程可以定义为

$$\hat{f}(x) = \frac{3}{nh^2\pi} \sum_{i=1}^{n} \left[1 - \frac{(x - x_i)^2 + (y - y_i)^2}{h^2}\right]^2 \tag{1-2}$$

离散的点数据直接用图表示时往往难以清楚看到其空间趋势。核密度估计(图1-1)可得到研究对象空间连续的密度变化图层，又可以显示"波峰"和"波谷"，强化空间分布模

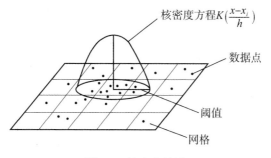

图1-1　核密度估计

式。同时，核密度估计能够反映距离衰减规律。而在一般的点、线密度分析中，落在搜索范围内的点或线权重相同，无法反映出距离衰减规律。作为表面插值的一种方法，核密度估计已广泛应用于点模式分析，例如，公共健康(陈晨等，2014)、商业模式(陈晨等，2013)、银行网点(程林等，2015)等。

☞ 习作1-1 核密度分析

所需数据：wuhan.shp(面数据)，该数据为武汉市中心城区的街道，位于ex1文件夹下。

(1) 数据准备。启动 ArcMap，添加"wuhan.shp"到"Layer"，打开"属性表"，有街道名称、街道人口。由于街道数据是面数据，进行核密度估计之前需要转化为点数据。打开 ArcToolbox，依次选择"Data Management Tools"→"Features"，双击"Feature To Point"，打开"对话框"，在"Input Features"下选择"wuhan"，在"Output Feature Class"选择保存路径并命名为"wh_poi.shp"，点击"OK"，即可得到各街道的质点。勾选"Inside"可保证质点落于多边形内。

(2) 确定搜索半径。不同的搜索半径(Search Radius)对核密度估计的结果影响很大，建议使用研究单元的平均最近邻距离作为搜索半径。在 ArcToolbox 中依次选择"Spatial Statistics Tools"→"Analyzing Patterns"→"Average Nearest Neighbor"，在"Input"下选择"wuhan"，在"Geoprocessing"→"Results"中查看计算结果。本实验中测得各街道质点的平均最近邻距离约为2000m。读者可设置不同的搜索半径观察对插值结果的影响。

(3) 核密度估计。右击 ArcToolbox 中的空白区域，选择"Environment Setting"，在"Processing Extent"中选择"Same as layer wuhan"。再在 ArcToolbox 中依次选择"Spatial Analysis"→"Density"→"Kernel Density"，在"Input"下选择"wh_poi"，在"Population Field"下选择人口数，表示加权字段。在"Output raster"中选择保存路径并命名为"pop"，本实验设置的 cell size 为100，search radius 为2000，根据实验目的选择"Area units"，点击"OK"，即可得到各街道人口数的插值结果。cell size 对插值的精度有影响，读者可根据研究需要进行试验，得到需要的结果。

(4) 符号设置。得到核密度估计的结果后，可根据研究需要优化图示，使结果更加清晰明了。在"Layer Properties"栏下点击"Symbology"，本实验选择四分位数分类，对数值保留两位小数，读者可根据研究目的进行合适的设置。

二、多准则决策分析

多准则决策问题是指涉及多个相互冲突的准则指标、属性或目标的问题。例如，某人购买一辆汽车，主要考虑的条件可能是成本、舒适性、安全性和燃油经济性。多准则决策是指在多个不能相互代替的准则存在的决策，如安全性与成本就是相互冲突的指标。伴随着多准则决策技术的发展，它逐步分化成多目标决策和多属性决策两个部分。

准则是指决策对象有效性的判断基础，一般分为目标和属性两类形式。其目标是指决策者对决策对象的某种属性或整体效能的需求，其中的每一种属性都对应有可评价其重要性程度高低的方法。层次分析法、理想点法(TOPSIS)等多准则决策方法被专门用来分析确定性的多准则决策问题。多准则决策问题的求解一般包括以下五个基本步骤。

第一步，认识决策问题。决策者刚开始对决策问题的认识可能只是片面的、不清楚的，所以，决策者需要认识到决策问题是一个什么问题，收集与决策问题相关的信息，并且清楚地概括出来。

第二步，明确决策目标。明确决策目标就是要使决策目标具体化，每一个目标要达到什么样的标准，并明确衡量每一个目标的指标或准则，各准则的指标值获取方式，并要明确地指出决策问题的背景与边界。

第三步，构建决策模型。根据目标(方案)与各个指标(准则)之间的逻辑关系，找出关键变量，构建变量之间的数学逻辑关系。

第四步，决策问题分析与评价。根据决策模型，对各准则的重要性进行采集和测量，判断各指标的值或对各指标进行描述，再通过指标数据变换得到决策矩阵数据，通过相关的数学方法表达这些属性间的相互联系，并运用决策分析评价方法得出最后的评价结果，按照结果对各个准则进行优劣排序。

第五步，作出决策与实施。以上所提到的步骤是一种理想化的决策流程，最前面的两个步骤完成后，后面的步骤就有可能需要进行相关调整，有的需要返回至上一个步骤，而有的甚至需要重新开始。

GIS 的基本功能是对地理、空间位置有关的数据和信息的显示、操作和分析，而 GIS 的空间分析功能则可以基于这些数据和信息，为资源配置、环境评价、优化选址、土地利用和城市模拟等应用领域提供分析结果，制定决策和计划(余明、艾廷华，2009)。空间多准则决策分析所涉及的问题、方案、决策、规则、变量和影响因子等都具有空间特性，因此空间多准则决策分析可以看作将多层具有空间特征的地理数据(输入)进行组合或转换形成决策结论(输出)的过程。

最早在处理空间多准则决策问题时，程建权(1997)指出，GIS 技术支持的多指标综合评价是一种结构化的建模方法，是方案选优和决策的基础，也是一种较为成熟的辅助决策技术，通常包括指标体系设计、指标量化及标准化、权重确定、综合评价及灵敏度分析等步骤；Herwijnen(1999)归纳了空间多准则决策问题的核心要素，包括目标、标准权重和决策方案三个方面；Malczewski(1999)提出了一个用于多标准分析活动程序的框架，其包括定义决策问题、建立评价标准及约束条件、确定备选决策方案及决策矩阵、应用决策规则、敏感性分析。

空间多准则决策的过程包括明确研究问题、制订评价准则、求取权重、归一化处理以及最后的不确定性分析。即在确定研究区域以及选址准则后，通过 GIS 建立空间数据库并进行空间分析，利用多准则决策分析法确定权重以及归一化处理，对选址位置进行优化，最终筛选出最优方案。

第二节 案例1：抓取武汉市银行POI后进行核密度分析

一、实验目的

(1)掌握POI的获取和整理的实验步骤(步骤1和步骤2)；
(2)掌握POI数据导入ArcGIS并指定地理坐标系的实验步骤(步骤3)；
(3)掌握地理坐标转化为投影坐标的实验步骤(步骤4)；
(4)掌握面图层如何截取点数据的实验步骤(步骤5)；
(5)掌握核密度分析方法以及对分析结果重分类的实验步骤(步骤6和步骤7)。

二、实验数据(数据位于ex2文件夹内)

cendistrict.shp——面文件，武汉市主城区各区行政边界；
cenjiedao.shp——面文件，武汉市主城区各街道行政边界；
yinhang.xls——Excel数据，武汉市银行POI。

三、实验步骤

1. POI数据获取

POI(Point of Interest，兴趣点)数据一般通过网络爬虫获得，也有一些数据采集器提供数据抓取功能，如火车采集器(www.locoy.com)，八爪鱼采集器(www.bazhuayu.com)，集搜客(www.gooseeker.com)等。本案例使用八爪鱼采集器来获取武汉市的银行(四大行：工商银行、农业银行、建设银行和中国银行)POI，利用八爪鱼简易采集功能中的百度地图坐标采集(图1-2)分别对四大行进行一键采集，需要进行四次采集。首先对工商银行进行采集：打开八爪鱼采集器，需要注册账号进行登录，注册完登录进去之后，点击"简易采集"，再在"采集模板"里点击"百度"，再点击"百度地图坐标采集"，点击右下角"立即使用"，模板参数中的城市输入"武汉"，搜索关键词输入"工商银行"，点击"保存"并"启动"，选择启动"本地采集"，采集完成后点击"导出数据"，可以选择保存格式，格式选择为"Excel 2003(xls)"，此时工商银行POI已经采集完成，采集到的信息包括城市、名称、地址和经纬度坐标(图1-2)。用同样的方法可以对建设银行、农业银行和中国银行进行采集(只需修改搜索关键词即可)。最后将四大行POI信息整理在同一张Excel表格中，保存命名为"yinhang.xls"。

2. POI数据整理

由于下载的POI数据里面的坐标信息在同一列，需要进行分列，分成两列，分别为X和Y坐标。用办公软件Microsoft Excel打开上一步骤中保存的"yinhang.xls"，选中"坐标"列，点击"数据"选项卡下的"分列"按钮。选择"分隔符号"，点击"下一步"。"分隔符号"选择"逗号"，点击"下一步"，再点击"完成"。将分列之后的两列命名为X和Y(图1-3)。

再保存 Excel 数据。

搜索词	当前城市	页码	序号	名称	地址	坐标
工商银行	武汉市	1	0	中国工商银行(航空路支	湖北省武汉市江汉区解放	114.281809,30.588301
工商银行	武汉市	1	1	中国工商银行(武汉洪山	武汉市武昌区珞珈山路17	114.362205,30.53853
工商银行	武汉市	1	2	中国工商银行(武汉盘龙	武汉市黄陂区盘龙城经济	114.267096,30.735103
工商银行	武汉市	1	3	中国工商银行(佛祖岭支	湖北省武汉市江夏区高新	114.448168,30.451554
工商银行	武汉市	1	4	中国工商银行	湖北省武汉市武昌区恒安	114.320468,30.518915
工商银行	武汉市	1	5	中国工商银行	湖北省武汉市江岸区后湖	114.310224,30.655992
工商银行	武汉市	1	6	中国工商银行	武汉市东西湖区东吴大道	114.143252,30.629696
工商银行	武汉市	1	7	中国工商银行(虎泉支行)	武汉市洪山区卓刀泉路特	114.376135,30.520253
工商银行	武汉市	1	8	中国工商银行	武汉市江夏区	114.425025,30.468688
工商银行	武汉市	1	9	工行建新支行	湖北省武汉市蔡甸区茂兴	114.047727,30.577744
工商银行	武汉市	2	0	中国工商银行(复兴路分	复兴路36号	114.308349,30.53794
工商银行	武汉市	2	1	中国工商银行(黄金山支	关山大道光谷创意大厦1	114.417545,30.489226
工商银行	武汉市	2	2	中国工商银行(新华家园	武汉市江汉区姑嫂树路9	114.269752,30.63455
工商银行	武汉市	2	3	中国工商银行(武汉古田	湖北省武汉市硚口区解放	114.206512,30.60212
工商银行	武汉市	2	4	中国工商银行(武汉雄楚	武汉市洪山区雄楚大道珞	114.355609,30.514429
工商银行	武汉市	2	5	中国工商银行(芳草路支	武汉市汉阳区芳草路59号	114.21835,30.552111
工商银行	武汉市	2	6	中国工商银行(东湖开发	珞喻路648	114.399824,30.515086
工商银行	武汉市	2	7	中国工商银行(凤凰支行)	藏龙岛凤凰花园商业街2	114.428224,30.445983
工商银行	武汉市	2	8	中国工商银行(江南支行)	湖北省武汉市武昌区民主	114.33592,30.55061
工商银行	武汉市	2	9	中国工商银行(东亭支行)	黄鹂路65号	114.369341,30.571284

图 1-2　POI 数据集

搜索词	当前城市	页码	序号	名称	地址	X	Y
工商银行	武汉市	1	0	中国工商银行(航空路支	湖北省武汉市江汉区解放	114.281809	30.5883
工商银行	武汉市	1	1	中国工商银行(武汉洪山	武汉市武昌区珞珈山路17	114.362205	30.53853
工商银行	武汉市	1	2	中国工商银行(武汉盘龙	武汉市黄陂区盘龙城经济	114.267096	30.7351
工商银行	武汉市	1	3	中国工商银行(佛祖岭支	湖北省武汉市江夏区高新	114.448168	30.45155
工商银行	武汉市	1	4	中国工商银行	湖北省武汉市武昌区恒安	114.320468	30.51892
工商银行	武汉市	1	5	中国工商银行	湖北省武汉市江岸区后湖	114.310224	30.65599
工商银行	武汉市	1	6	中国工商银行	武汉市东西湖区东吴大道	114.143252	30.6297
工商银行	武汉市	1	7	中国工商银行(虎泉支行)	武汉市洪山区卓刀泉路特	114.376135	30.52025
工商银行	武汉市	1	8	中国工商银行	武汉市江夏区	114.425025	30.46869
工商银行	武汉市	1	9	工行建新支行	湖北省武汉市蔡甸区茂兴	114.047727	30.57774
工商银行	武汉市	2	0	中国工商银行(复兴路分	复兴路36号	114.308349	30.53794
工商银行	武汉市	2	1	中国工商银行(黄金山支	关山大道光谷创意大厦1	114.417545	30.48923
工商银行	武汉市	2	2	中国工商银行(新华家园	武汉市江汉区姑嫂树路9	114.269752	30.63455
工商银行	武汉市	2	3	中国工商银行(武汉古田	湖北省武汉市硚口区解放	114.206512	30.60212
工商银行	武汉市	2	4	中国工商银行(武汉雄楚	武汉市洪山区雄楚大道珞	114.355609	30.51443
工商银行	武汉市	2	5	中国工商银行(芳草路支	武汉市汉阳区芳草路59号	114.21835	30.55211
工商银行	武汉市	2	6	中国工商银行(东湖开发	珞喻路648	114.399824	30.51509
工商银行	武汉市	2	7	中国工商银行(凤凰支行)	藏龙岛凤凰花园商业街2	114.428224	30.44598
工商银行	武汉市	2	8	中国工商银行(江南支行)	湖北省武汉市武昌区民主	114.33592	30.55061
工商银行	武汉市	2	9	中国工商银行(东亭支行)	黄鹂路65号	114.369341	30.57128
工商银行	武汉市	3	0	中国工商银行(武汉冶金	冶金街工业三路107公馆	114.406915	30.63104

图 1-3　分列数据结果

3. 导入 POI 点

(1)打开 ArcMap，单击菜单栏“标准工具条”中的“Add Data”，选择需要加载数据的路径，并添加“yinhang. xls”内的“Sheet1 $ ”。右键“Sheet1 $ ”，点击“Display XY Data”，弹出对话框，如图 1-4 所示，“X Field”选择“X”，“Y Field”选择“Y”。再点击“Edit”，在“XY Coordinate System”对话框内选择“Geographic Coordinate System-Asia-Xian 1980”，点击“确定”，再点击“OK”，如图 1-5 所示。这时会弹出提示框，提醒“The table you specified does not have an Object-ID field so you will not be able to select, query, or edit the features in the resulting layer, or define relates for them"（由于表没有 Object-ID 字段，因此无法在产生的图层中进行选择、查询、编辑等功能），继续点击"OK"，会产生一个图层"Sheet1 $ Events"。

（2）将导入 ArcGIS 后的银行 POI 存储为 shpfile 格式文件：将鼠标置于"Events 图层"，单击"右键"→"Data"→"Export Data"，选择存储路径，命名为"yh.shp"，点击"OK"，再点击"Yes"，图层 yh.shp 加载进 ArcMap。

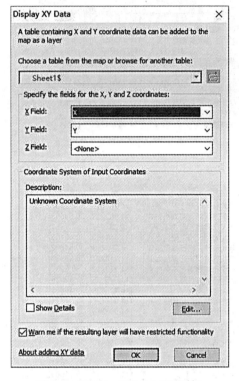

图 1-4　"Display XY Data"对话框

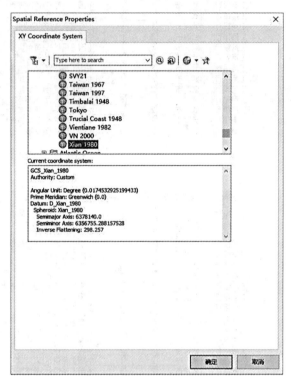

图 1-5　定义地理坐标

4. 坐标转换

刚导入的图层"yh.shp"是带有地理坐标信息的数据，无法进行距离、面积等的量算，因此需要进行投影变换，将其转换成具有平面坐标的地图信息。点击"ArcToolbox"→"Data Management Tools"→"Projection And Transformations"→"Feature"→"Project"（图1-6）。第一栏输入"yh"，点击"输出坐标系"旁边按钮，选择"投影坐标系"：Project Coordinate System-Guass Kruger-Xian 1980 GK Zone 19。点击"确定"，选择输出路径为 ex2 文件夹下的 temp 文件夹，命名为"yhpro"，最后点击"OK"完成，如图 1-7 所示。生成的图层 yhpro.shp 导入 ArcMap，右击该图层选择"Properties"，选择选项卡"Source"，查看该图层的坐标系信息。而 ArcMap 软件页面右下角仍然显示的是地理坐标（经纬度），如何将其改为投影坐标显示？操作步骤为：双击图层"Layers"选择选项卡"General"，在"Units"

下面的"Display"选择"Meters"(图1-8),点击"确定"。可以看到右下角单位由"Decimal degrees"变为"Meters"。

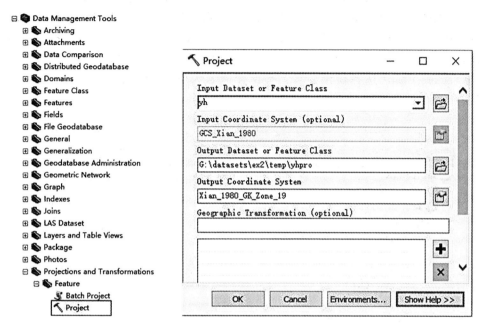

图1-6　"Project"工具所在位置　　　图1-7　"Project"工具对话框

图1-8　将单位修改为米

5. 提取武汉主城区 POI 点

单击菜单栏"标准工具条"中"Add Data"，将"cendistrict.shp"和"cenjiedao.shp"添加进来。由于银行 POI 的范围为武汉市全市，而研究区域为武汉市主城区，因此需要对全市 POI 按照主城区范围进行提取。操作步骤如下：点击"Arctoolbox"→"Analysis Tools"→"Overlay"→"Intersect"（图 1-9）。在"Input Features"下拉栏输入"yhpro"和"cendistrict"，"Output Feature Class"选择输出位置，并保存命名为"yh_whc"，如图 1-10 所示，点击"OK"。

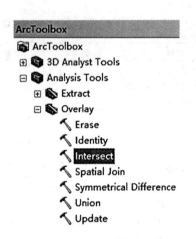 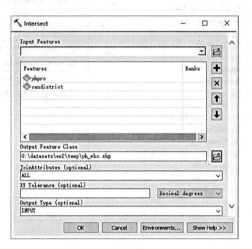

图 1-9 "Intersect"工具所在位置　　　　图 1-10 "Intersect"对话框

6. 核密度分析

打开"ArcToolbox"→"Spatial Analyst Tools"→"Density"→"Kernel Density"（图 1-11）。打开"Kernel Density"对话框，如图 1-12 所示，输入"yh_whc"，在"Population field"选择

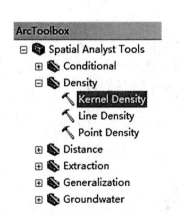 

图 1-11 "Kernel Density"所在位置　　　图 1-12 "Kernel Density"对话框

"NONE","Output cell size"选择"40","Search radius(optional)"选择"4000",点击"Environment Settings"进行环境设置,在"Processing Extent"选择"same as layer cendistrict",在"Raster Analysis"中"Cell Size"选择"Maximum of Inputs","Mask"底下选择"cendistrict",如图1-13所示,点击"OK",输出文件命名为"yhdensity.tif","Area Unit"下选择"SQUARE_KILOMETERS"(密度的单位平方千米,可以根据需要,选择合适的单位),点击"OK"。

图1-13 "Processing Extent"环境设置

7. 重分类

生成核密度栅格图像后,可进一步根据需要对栅格的区间进行重分类、更改颜色等操作,以使图像效果更佳。在生成的核密度栅格图层上,"右键"→"Properties"→"Symbology"→"Classified"→"Classification",点击"Classify…","Method"选择"Natural Breaks(Jenks)"(自然分段法),选择合适的分类数量,如4类,点击"OK"。再更改小数点位,点击"Lable"→"Format Labels"→"Numeric"→"Number of decimal places",将数字调为2,即保存为两位小数,如图1-14所示,同时对其更改颜色,点击"确定",得到核密度分布。根据武汉市主城区银行分布核密度图,可以看出中心城区(江汉区、江岸区)银行集中程度最高,外围地区分布较少。除了针对核密度所反映出的银行分布密度进行空间格局分析外,核密度所计算的密度值常作为一个关键变量,根据研究单元,采用"Spatial Analyst Tools"→"Zonal"→"Zonal Statistics as Table"工具提取每个单元(如街道或社区)的密度值(如人口密度、不同类别POI的密度等)。

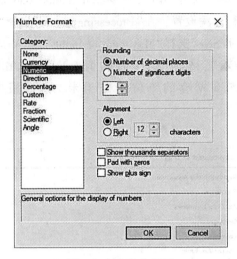

图 1-14 小数点设置

第三节 案例 2：基于多准则判断的城市垃圾收集站空间选址

一、实验目的

(1) 掌握基于人口密度筛选垃圾收集站候选点的实验步骤(步骤 1 到步骤 6)；
(2) 掌握基于学校和道路条件筛选垃圾收集站候选点的实验步骤(步骤 7 到步骤 8)；
(3) 掌握根据多准则判断进行选址的实验步骤(步骤 9 到步骤 11)。

二、实验数据(数据位于 ex3 文件夹内)

boun.shp——面文件，武汉市主城区的边界范围；
road.shp——线文件，武汉市主城区的道路网络；
locations.shp——点文件，垃圾收集站的候选点；
schools.shp——点文件，中小学位置；
jiedao.shp——点文件，武汉市主城区每个街道的质心；
population.xls——属性文件，武汉市主城区每一个街道的人口数据。

三、实验步骤

1. 本实验设置垃圾收集站的选址条件

(1) 垃圾楼不部署在人口密集的区域，要求每 1 万~2 万人设置一处；
(2) 根据《生活垃圾转运站技术规范》，垃圾楼不能部署在学校区域；
(3) 考虑到垃圾的运输问题，垃圾楼应部署在交通便利的位置，优先选择道路旁边。

2. 数据加载

在 ArcMap 中新建一个地图文档，单击菜单栏"标准工具条"中的"Add Data"，弹出对话框，点击"连接至文件夹"，选择需要加载数据的路径，并添加"boun.shp、jiedao.shp、population.xls(Sheet2$)、road.shp、locations.shp、schools.shp"，如图 1-15 所示。

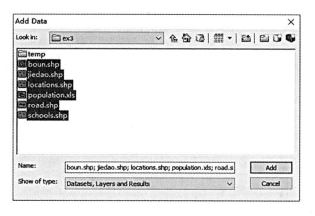

图 1-15　加载数据

3. 连接数据(Join)

（1）鼠标右击"jiedao.shp"，点击"Joins and Relates"，选择"Join"，在出现的"Join Data"对话框中，在第一个下拉列表中选择"FID"，第二个下拉列表中选择"Sheet2$"，第三个下拉列表选择"FID"，点击"OK"，进行表格连接，将人口数据连接到街道中，选择"Keep all records"，如图 1-16 所示。

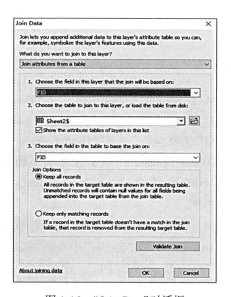

图 1-16　"Join Data"对话框

(2)在 jiedao.shp 的属性表中新建人口字段。鼠标右击"jiedao"图层,点击"Open Attribute Table",在"Table options"下选择"Add Field"按钮,将"Name"命名为"pop",字段类型"Type"选择为"Double"(双精度),如图1-17所示。选中"pop"字段这一列,右击选择"Field Calculator",跳出提醒对话框,选择"Yes",跳出对话框如图1-18所示,在"Fields"下双击"Sheet2$.population",将表格中"population"字段的值赋予到新建的pop字段中。

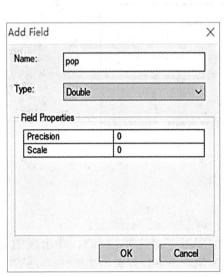

图1-17 "Add Field"对话框　　　　图1-18 列计算器对话框

(3)解除连接。右击图层"jiedao",点击"Joins and Relates"→"Remove Joins"→"Sheet2$"。

4. 生成人口核密度图

(1)在 ArcToolbox 中,执行"Spatial Analyst Tools"→"Denisty"→"Kernel Denisty",如图1-19所示,打开"Kernel Denisty"对话框,在"Input point or polyline features"选择"jiedao",在"Population field"选择"pop",在"Output rasster"选择保存路径,并命名为"popden.tif",在"Output cell size(optional)"输出像元大小确定为"50",在"Search radius (optional)"搜索半径输入"6000",在"Area units(optional)"面积单位选择"SQUARE_KILOMETERS",如图1-19所示。

(2)点击在"Kernel Denisty"对话框最下方的环境设置 Environments...,打开"Environment Settings"对话框,在"Processing Extent"的"Extent"中选择"Same as layer bound",在"Raster Analysis"的"Mask"下拉选择"bound",点击"OK",退出"Environment Settings"对话框。回到"Kernel Denisty"对话框,点击"OK",即可生成人口核密度图。

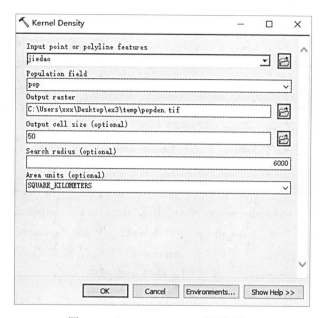

图 1-19 "Kernel Denisty"对话框设置

5. 将人口核密度图重分类

打开 ArcToolbox 工具箱，执行命令"Spatial Analyst Tools"→"Reclass"→"Reclassify"，打开"Reclassify"对话框，在"Input raster"中选择"popden"，在"Reclass field"中选择"Value"，点击"Classify"；在"Classification"对话框中"Classes"选择"5"，在"Break Values"中输入"3000，6000，9000，12000，15000"（图1-20）；点击"OK"。将"New values"值进行修改，"Old values"中的 0-3000、300-6000、6000-9000、9000-12000、12000-15000，分别对应"New Values"的 4、3、2、1、0（图1-21），在"Output raster"中选择输出位置保存，命名为"den_reclass.tif"，点击"OK"。

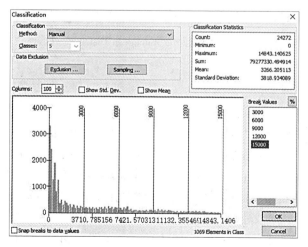

图 1-20 "Classification"对话框

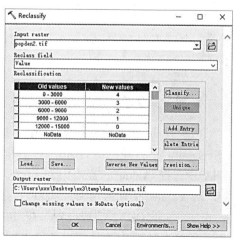

图 1-21 "Reclassify"对话框设置

6. 生成学校、道路的距离栅格

（1）打开 ArcToolbox 工具箱，执行命令"Spatial Analyst Tools"→"Distance"→"Euclidean Distance"，打开"Euclidean Distance"对话框（图1-22），在"Input raster or feature source data"中选"schools"，在"Output distance raster"中选择保存位置，并命名为"eu_sch.tif"，在"Output cell size（optional）"选择"50"。在"Euclidean Distance"对话框下方的"Environment"环境设置参考步骤4（2）中"Kernel Denisty"的"Environment Settings"，生成到学校的距离栅格。

（2）参照上一步骤，生成到道路的距离栅格。打开Euclidean Distance对话框（图1-23），在"Input raster or feature source data"中选"road"，在"Output distance raster"中选择保存位置，并命名为"eu_road.tif"，在"Output cell size（optional）"选择"50"。在"Euclidean Distance"对话框下方的"Environment"环境设置参考步骤4（2）中"Kernel Denisty"的"Environment Settings"，生成到道路的距离栅格。

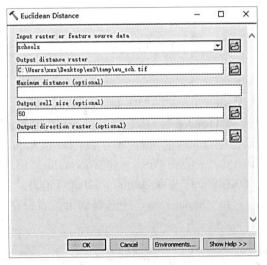 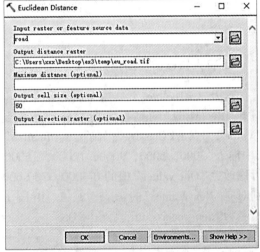

图1-22 到学校的"Euclidean Distance"对话框　　图1-23 到道路的"Euclidean Distance"对话框

7. 重分类学校、道路的距离栅格

（1）打开 ArcToolbox 工具箱，执行命令"Spatial Analyst Tools"→"Reclass"→"Reclassify"，打开"Reclassify"对话框，在"Input raster"中选择"eu_sch"，在"Reclass field"中选择"Value"，点击"Classify"，在"Classification"对话框中"Classes"选择"2"，在"Break Values"中输入"100，7000"，在"Output raster"中选择输出位置并命名为"eu_sch_re.tif"，点击"OK"，完成设置。在"Recklassify"对话框中，将"New values"中的值进行修改，"Old values"中的0-100、100-7000 分别对应"New Values"中的0、1（图1-24），点击"OK"，对学校的距离栅格进行重分类。

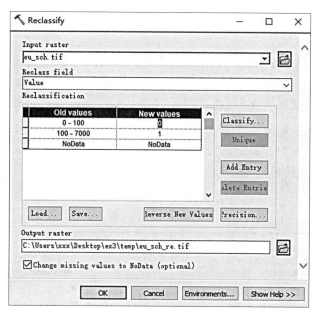

图 1-24　对学校距离栅格进行重分类

（2）对道路的距离栅格进行重分类，打开 ArcToolbox 工具箱，执行命令"Spatial Analyst Tools"→"Reclass"→"Reclassify"，打开"Reclassify"对话框，在"Input raster"中选择"eu_road"，在"Classification"对话框中"Classes"选择"4"，"Break Values"中输入"100，500，1000，4000"，点击"OK"。将"New values"中的值进行修改，"Old values"中的 0-100、100-500、500-1000、1000-4000 分别对应"New values"中的 4、3、2、1。在"Output raster"中选择输出位置，并命名为"eu_road_re.tif"，如图 1-25 所示，点击"OK"。

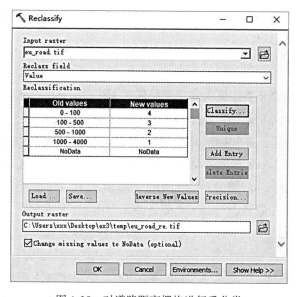

图 1-25　对道路距离栅格进行重分类

8. 确定明显不合适的位置

(1)本实验条件设置为不能离学校太近(100m 以内),人口不能过于集中,优先选择在道路旁边。执行"Spatial Analyst Tools"→"Map Algebra"→"Raster Calculator",打开"Raster Calculator"对话框,在"Layer"列表下双击"eu_road_re",再在符号面板中单击" * ",继续双击"eu_sch_re",再单击" * ",继续双击"den_reclass",可以看到计算框中的公式:"eu_road_re" * "eu_sch_re" * "den_reclass",在"Output raster"中选择输出位置,并命名为"value1.tif",如图1-26所示,点击"OK"。

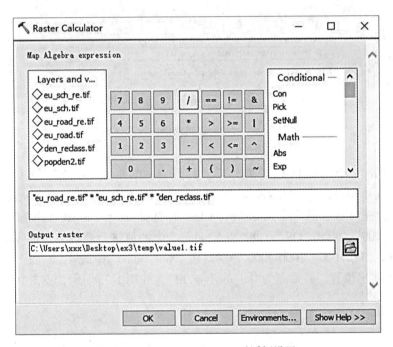

图1-26 "Raster Calculator"对话框设置

(2)对value1进行二分类,值为0的部分依然为0,大于0的部分重新赋值为1。打开"Reclassify"工具(图1-27),在"Input raster"中选"value1",在"Reclass field"中选择"Value",点击"Classify",在"Method"中选择"Equal Interval",在"Classification"对话框中"Classes"选择"2",将break values 设置为1、16(由于值为0、2、3、4、6、8、9、12、16,因此将断点设置为1),将0~1之间的值赋值为0,大于1的值为1,在"Output raster"中选择输出位置并命名为"value2.tif",点击"OK",完成设置。

9. 获得初步栅格评价

执行"Spatial Analyst Tools"→"Map Algebra"→"Raster Calculator",打开"Raster Calculator"对话框,在"Layer"列表下双击"eu_road_re",再在符号面板中单击" * ",继续

第三节　案例2：基于多准则判断的城市垃圾收集站空间选址

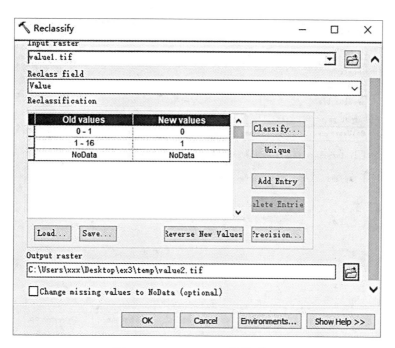

图1-27　"Reclassify"对话框设置

双击"eu_sch_re"，再单击"＊"，继续双击"den_reclass"，可以看到计算框中的公式："eu_road_re" + "eu_sch_re" + "den_reclass"，选择输出位置并命名为"cbvalue"，点击"OK"。"cbvalue"即为初步综合评价栅格，通过加法计算，可以初步判定取值较大的位置，相对适合布置垃圾楼；反之，不适合。

10. 得到最终评价结果

（1）执行"Spatial Analyst Tools"→"Map Algebra"→"Raster Calculator"，打开"Raster Calculator"对话框，在"Layer"列表下双击"cbvalue"，再在符号面板中单击"＊"，继续双击"value2"，可以看到计算框中的公式："cbvalue" ＊ "value2"，选择输出位置，并命名为"zzvalue"，点击"OK"。双击图层"zzvalue"，进入"Symbology"，选择"Show"下的"Unique Values"，点击"确定"。显示了综合评价的总分值，分值越高代表适宜性水平越高。

（2）根据垃圾候选点的位置来提取适宜性分值。打开"Spatial Analyst Tools"→"Extraction"→"Extract Values to Points"，打开对话框（图1-28），在"Input point features"选择"locations"，在"Input raster"选择"zzvalue. tif"，选择合适的保存路径，并将结果命名为"value_loca"。

（3）右击图层"value_loca"，打开属性表"Open attribute table"，选中属性"RASTERVALU"列，右单击"Sort Descending"，排在前面分值最高的垃圾站候选点是可能的垃圾站点。

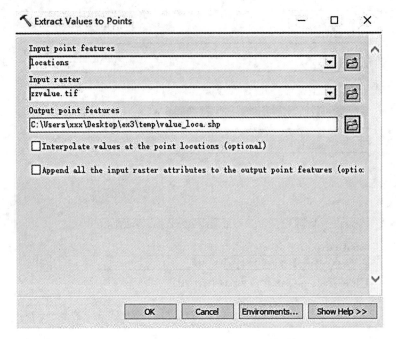

图 1-28 "Extract Values to Points" 对话框

第二章　GIS在城市地形和水文分析中的应用

在传统的地形图中，用等高线、地貌符号及必要的数字注记表示地形，用各种不同符号与文字注记表示地面物体的位置、形状及特征。这些都是将地面上的信息用图形与注记的方式表示在图纸上，优点在于能很直观地把地貌、地物以及各种名称表现出来，便于人工使用。但是，随着计算机技术和信息处理技术的飞速发展，纸质地图不能被计算机直接利用，无法满足各种工程设计自动化的要求。因此，地图的数字化产品逐步被开发应用。在地图的数字化产品中，数字高程模型是一种典型的数字化产品，具有广泛的实际应用价值。

数字高程模型（Digital Elevation Model，DEM）概念于1958年由Miller首次提出，数字地面模型（Digital Terrain Model，DTM）是对地球表面实际地形地貌的一种数字建模过程（杨德麟，1998）。后来人们把基于高程或海拔分布的数字高程模型称为DEM，DEM是建立DTM的基础数据，其他的地形要素可由DEM直接或间接导出，如坡度和坡向。DEM自开始被采用以来，就因为具有极大的应用性，受到了研究者极大的关注。目前DEM在水文建模、滑坡圈绘、土壤侵蚀、矿山工程、防洪、军事工程、飞行器与战场仿真等诸多领域得到了广泛应用（汤国安等，2001；李翀等，2004；He et al.，2012；汤国安，2014）。

本章第一节介绍三种主要的DEM数据类型；第二节介绍常用的地形制图类型；第三节介绍四种地形要素；第四节是典型案例分析，并附以具体的操作步骤，以供读者进行操作训练。

第一节　数据准备

地球表面有山川河流，其延绵起伏的地表是地图制作者所要认识的对象。地形制图和分析技术的快速发展使GIS融入各种应用领域中。DEM是地表表面的地形地貌的数字化表达和模拟，表示高程点的规则排列。DEM具体定义为通过有限的地形高程数据实现对地形曲面的数字化模拟，是在计算机存储介质上科学而真实地描述、表达和模拟地形曲面实体，实际上其是一种地形数据的建模过程，是DTM的一个分支。随着GIS的发展，DEM成为空间信息系统的一个重要组成部分，在测绘、遥感、军事、工业等行业有广泛的应用。

DEM也可以用数学表达式表达，是指在区域D上的三维向量有限序列$\{V_i = (X_i, Y_i, Z_i), i = 1, 2, \cdots, n\}$，其中$(X_i, Y_i \in D)$是平面坐标，$Z_i$是$(X_i, Y_i)$的高程。

DEM 数据模型主要包括规则格网、不规则三角网、等高线、离散点、断面线和混合式六种类型(谭仁春等,2006)。离散点数据模型,用散点的方式存储每个点的 X、Y、Z 值;不规则三角网数据模型,包括组成不规则三角形的点、线、面;等高线的数据模型,以等高线的方式记录高程位置信息;断面线 DEM 数据模型,断面线上按不等距离方式或等时间方式记录断面线上点的坐标;规则格网 DEM 数据模型,以行列的方式记录每个点的三维坐标值;混合式 DEM 数据模型,主要在已有的 GRID 基础上增加地形特征线和特殊范围线,规则格网 DEM 被分割而形成一个局部的不规则三角网。其中,规格格网、不规则三角网最常用,且二者可以相互转换,同时也基本满足了地学研究和应用需求,因此我们主要介绍这两种数据。

一、规则格网

规则格网数据模型的数学含义是指在高斯投影平面上一系列在 X,Y 方向上等间隔排列的地形点的平面坐标 (X,Y) 及其高程 (Z) 的数据集。其任意一点 P_{ij} 的平面坐标可根据该点在 DEM 中的行列号 i,j 及存放在该 DEM 文件头部或 DEM 辅助文件的基本信息推算出来。

矩形格网 DEM 的优点:存储量最小,数据采集自动化程度高,可以进行压缩存储,便于与遥感和栅格 GIS 结合,非常便于使用而且容易管理,因而是目前应用最广泛的一种形式。

矩形格网 DEM 的缺点:对山区、丘陵地或地貌比较破碎地区,在格网中地形的结构和细部点的高程比 4 个格网点的高程都高或都低时,则这些部分的内插高程与实际高程有一定的误差,所以不能正确表达地形的结构和细部。因此,基于 DEM 描绘的等高线不能正确地表示地貌。

为了完整地表示地貌,可以采用附加地形特征数据,如特征点、山脊线、山谷线等,从而构成完整的 DEM(郭庆胜等,2008)。无论 DEM 的数据从何而来,在做地形制图与分析之前,基于点的 DEM 数据必须首先转换成栅格数据格式,这样 DEM 数据中的高程点就会置于高程栅格的像元中心,DEM 和高程栅格数据就可以相互转换。虽然数字地形分析中的各种地形地貌因子和地形特征在不同结构的 DEM 上都可以体现,但以在格网 DEM 上的实现最为简单,效率也最高。目前,许多国家的 DEM 数据都是以规则格网的数据矩阵形式提供的。

图 2-1 为我国某一地区的格网 DEM 图,将其慢慢放大直至可见一个个栅格[图 2-1(c)],每个栅格的灰度值即对应一个高程值。根据颜色的深浅可判断出图 2-1(a)和图 2-1(b)中的山谷线和山脊线,请读者思考。

二、不规则三角网(TIN)

TIN(Triangulated Irregular Network)是指用一系列无重叠的三角形来近似模拟陆地表面,从而构成不规则的三角网。TIN 是 DEM 中一种很重要的数据模型,被视为最基本的一种网络,它既可适应规则分布数据,也可适应不规则分布数据;既可通过对三角网的内插生成规则格网,也可根据三角网直接建立连续或光滑表面模型,TIN 与规则格网 DEM

图 2-1 格网 DEM 图

数据相对比，TIN 是基于高程点的不规则分布(朱庆、陈楚江，1998)。由于构成 TIN 的每个点都是原始观测数据，避免了 DTM 内插的精度损失，所以 TIN 能较好地顾及地貌特征点、线，表示复杂地形比矩形格网 DEM 精确。但是，TIN 的数据量较大，不仅要存储每个网点的高程，还要存储其平面坐标、网点连接的拓扑关系、三角形及邻接三角形等信息，另外数据结构较复杂，因此 TIN 的使用与管理也较复杂。研究适应于海量数据的、高效的和符合实际应用需求的 TIN 的生成方法就是为了找到一种能高效建立数字高程模型的方法，使我们能够将数字高程模型应用到更广泛的地学领域中。

如图 2-2 所示，首先 TIN 模型是根据区域内有限个点集将区域划分为相连的三角面网络，此时区域内的任意点与三角面的关系只有 3 种，即落在三角面的顶点、边上或三角形内。根据点落的情况，可以将点的高程值用以下 3 种情况分析：如果点落在三角形的边上，则其高程值用两个顶点的高程；如果点落在三角形内，则用三角形 3 个顶点的高程值表示；如果点落在顶点上，则用顶点的高程值表示。如果点没有落在顶点上，则需要用插值法计算出来。

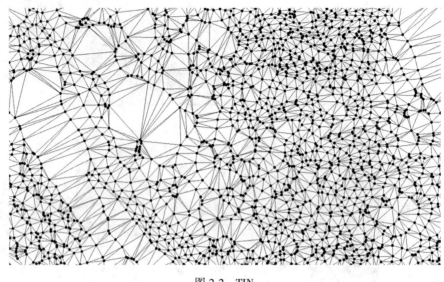

图 2-2　TIN

第二节　常见的地形制图法

本节介绍五种地形制图技术：等高线法、垂直剖面法、地貌晕渲图法、分层设色法和透视图法（Collier et al.，2003）。

一、等高线法

等高线是表示高程值相同的点的连线，是特殊的等值线。由等高线法制成的地图称为等高线地图，等高线地图是用二维平面表示三维地形的重要工具，等高线是地图学中最常用的地理要素，是地理信息系统最基础的数据。基于等高线的三维真实感地形的重建，摆脱了等高线二维图形表现地形、地貌特征的局限性。利用等高线数据构造三维地形不仅能保证一定的几何精度，而且数据易于获得，包含丰富的地形地貌特征。

目前，人们普遍认为用等高线正射投影法在地图上描绘地形，是表示地形起伏几何信息的最好方法。等高线就是与水平面平行的平面上的曲线，这些平面线上各点的高程相等，此高程就是相应等高线的高程。其本质上是一种虚构的线条，在实际地貌中并不存在。该方法的优点是等高线以一种简洁而又严谨的方式记录和传播地貌的几何形态、高程与高差、坡度与坡向，适合专业人士用图。其缺点是缺乏立体感，难以直观理解，不能产生直观形象的立体感，与真实的地貌形态具有很大差异。

在等高线地形图上，所有的地形信息都正交地投影在水平面上。如图 2-3 所示，它具有以下的特性：在同一条等高线上各点的高程相同；等高线不相交；等高线是一条连续闭合曲线，但在一幅图上不一定全部闭合；等高距全图一致；等高线疏密反映坡度缓陡，等高线密集的区域表示此地区地形陡峭；等高线与山谷线、山脊线成正交，山谷线突向高处，山脊线突向低处。根据此特性，读者可判断图 2-3 中西边山坡与东边山坡哪一边更加陡峭，并辨别出山谷和山脊。

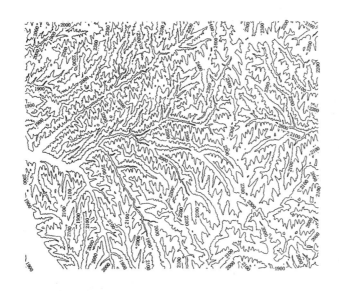

图 2-3　等高线法

☞ **习作 2-1　生成等高线，并进行等高线标记**

　　所需数据：dem，一个像元大小为 25m 的高程栅格，位于 ex4 文件夹内。
　　(1) 启动 ArcMap，添加 "dem" 到 "Layer"，重命名为 "Task1"。确认 "Tools" 菜单下 "Customize" 和 "Extensions" 中的 "3D Analyst" 均已打钩。
　　(2) 双击 "dem" 图层，点击 "Source" 选项卡。对话框中显示出 "dem" 属性有 910 列、749 行，像元大小为 25m，值域为 1801~2432m。"dem" 是浮点型的 ESRI 格网 (grid)。
　　(3) 在菜单栏上打开 ArcToolbox，依次选择 "3D Analyst Tools" → "Raster Surface"，双击 "Contour"，打开对话框，在 "Input raster" 下选择 "dem"，在 "Output polyline features" 选择保存路径并命名为 "contour. shp"，在 "Contour interval" 一栏中输入 "100"，表示等高线间隔为 100m，点击 "OK"。
　　(4) 图层 "contour. shp" 会被自动加载到 "ArcMap"，右击选择 "Properties"，打开 "Layer Properties" 的对话框，选择 "Labels" 栏，勾选 "Label features in this layer"，选择 "Contour" 作为 "Label Field"。
　　(5) 在 "Labels" 栏下点击 "Symbol"，继续点击 "Edit Symbol"，在弹出的对话框中选择 "Mask" 选项栏，选择 "Halo"，点击 "确定"。
　　(6) 在 "Labels" 栏下点击 "Placement Properties"，在 "Position" 一栏仅勾选 "On the line"，点击 "确定"。根据需要，可以设置等高线的颜色、粗细等。

二、垂直剖面法

垂直剖面一般是沿地表某一线(如河流、山脊)的高度向下作垂直切面而形成的直观形象的剖面,它能更加直观地反映某个地区的地势高低起伏状况(曲均浩等,2007)。在手工绘制垂直剖面图时,是以等高线地形图为基础转绘而成的,自动绘制剖面图时,可在高程栅格、TIN 或 Terrain 数据集表面上创建剖面(图 2-4)。

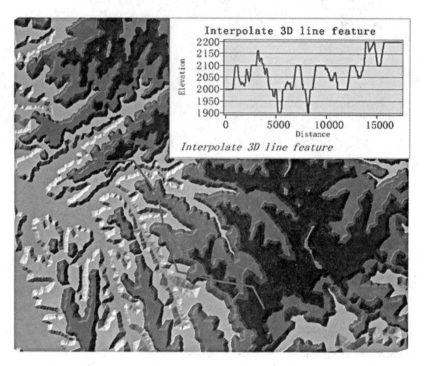

图 2-4　由 TIN 提取垂直剖面

☞ **习作 2-2　提取垂直剖面**

所需数据:contour. shp,为习作 2-1 所生成的间隔为 100m 的等高线矢量图层。

(1)启动 ArcMap,添加"contour. shp"到"Layer"。确认"Tools"菜单下"Customize"和"Extensions"中的"3D Analyst"均已打钩。

(2)在菜单栏上打开 ArcToolbox,依次选择"3D Analyst Tools"→"Data Management",双击"Create TIN",打开对话框,在"Input Feature Class"下选择"contour. shp",在"Output TIN"选择保存路径并命名为"TIN",点击"OK"。

(3)TIN 数据集自动加载到"ArcMap",双击该图层打开"Layer Properties"对话框,选择"Symbology"选项,将"Edge types"前面检查框中的钩去掉,点击"确定"。将图层"contour"前面检查框中的钩去掉。

(4)在菜单栏空白处右击,勾选"3D Analyst",出现"3D Analyst"工具条,单击

"Interpolate line"，在 TIN 数据集上将折点添加到线后，双击以停止数字化。

（5）在"3D Analyst"工具条上选择"Profile Graph"，出现垂直剖面图。切换到"Layout view"页面，单击"Profile Graph"，并右击选择"Add to Layout"，关闭原垂直剖面图。

（6）双击"Profile Graph"，选择"Appearance"，在"Title"和"Footer"下均输入"Interpolate 3D line feature"，在"Axis properties"下"Left"选项"Title"处输入"Elevation"，在"Bottom"选项"Title"处输入"Distance"。

三、地貌晕渲图法

地球表面是个凸凹不平的曲面，如何在一张平面的地图上表现出这种起伏不平的地貌，使之既能定位、定量，又有立体感，是个比较复杂的制图问题。历代地图学家从不同角度、不同原理出发创造了很多表示方法。

晕渲法是指根据假定光源对地面照射所产生的明暗程度，用相应浓淡的墨色或彩色沿斜坡渲绘其阴影，造成明暗对比，从而显示地貌的分布、起伏和形态特征。地貌晕渲图是指模拟太阳光与地表要素相互作用下的地形容貌，通俗来讲就是光源从某个角度照射表面时，所产生的明暗效果（吴樊等，2003）。面光的山坡明亮而背光的山坡阴暗。由于这种光影阴暗法对地形起伏具有突出的表现力，因此晕渲逐渐成为表达地貌立体感的主要方法之一。目前，晕渲法是水平投影法中三维效果最好的一种地貌表示法。以往采用晕渲法表示地貌时，工艺复杂、工作量大，所以这种方法没有得到大规模的应用。从20世纪90年代开始，随着计算机在各个领域的应用，晕渲法才大量被应用于地图实际生产中。

通常最高品质的晕渲图都是天才艺术家手绘的，绘制者必须技术高超，同时也必须熟悉所绘地形的特征。随着技术的发展，人们一直试图在制作过程中尽可能利用计算机，使制作者所需的艺术才能减到最低限度。在计算机中生成地貌晕渲图的原理是首先是在DEM数据的基础之上，根据光照轻度、高程值及有关数据对地形进行建模，再编制程序输入计算机，由计算机设备实现地貌渲染。具体来说，是将地面立体模型的连续表面分割成许多个单元（如矩形），然后根据单元平面与入射光线之间的关系计算出每个单元的照度，确定其灰度值，并把它投影到平面上，达到模拟现实地貌起伏的效果。当然，单元选得越小，表现的晕渲就越连续、自然。在这个过程中地貌晕渲视觉效果主要受太阳方位角和太阳高度角的影响。太阳方位角，是光线进来的方向，光线变化范围为顺时针方向 $0°\sim360°$，一般默认的太阳方位角是 $315°$。太阳方位角其实就是光源位置的意思，光源位置大体上有3种：直照光源、斜照光源和综合照光源。直照光源有助于表现地表的细部特征，斜照光源利于表示地表的起伏，而综合光照结合直照和斜照的特点，表现地表的特征介于二者之间。太阳高度角是入射光线与地平线的夹角，变化范围为 $0°\sim90°$。地貌晕渲效果也受坡度和坡向的影响。

在制作地貌晕渲图时,不仅要考虑光影变化的要求,还要考虑色彩表现的要求,在设色时将色彩的立体特征与地形地貌特征相结合,根据地形地貌特征设计相应的色彩,如红、橙、黄及其中间色有凸起感,为前进色,可用于表示山地等;青、蓝、灰及其中间色有凹下感,为后退色,可用于表示平原和谷地等。

图 2-5 是利用 DEM 数据由 GIS 软件自动生成的晕渲图,可以看出晕渲图能够很醒目地表示出区域总的地势起伏和地貌的整体格局以及区域内主要山脉、主要地貌的立体形象。

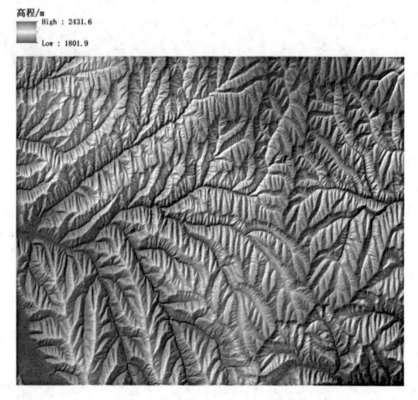

图 2-5 由 DEM 生成的地貌晕渲图

☞ 习作 2-3 生成地貌晕渲图

所需数据:dem,一个像元大小 25m 的高程栅格,位于 ex4 文件夹内。

(1)启动 ArcMap,添加"dem"到"Layer"。确认"Tools"菜单下"Customize"和"Extensions"中的"3D Analyst"均已打钩。

(2)在菜单栏上打开 ArcToolbox,依次选择"3D Analyst Tools"→"Raster surface",双击"Hillshade",打开对话框,在"Input raster"下选择"dem",在"Output raster"中选择保存路径并命名为"dem_hillshade",点击"OK"。

(3) 图层 dem_hillshade 会被自动加载到 ArcMap，左键按住该图层，使其置于图层 dem 的下方。

(4) 双击 dem 图层，打开"Layer Properties"的对话框，选择"Symbology"栏，将"Color Ramp"改成绿色向红色渐变的彩色带；然后点击"Layer Properties"对话框中的"Display"，更改"Transparency"的值为"50%"。

四、分层设色法

分层设色以地貌等高线为依据，应用颜色的饱和度和亮度变换，按不同高程带的自然象征色设色，来表现地貌形态和高度分布的特征（凌勇等，2009）。选用合理的颜色来显示不同的高程，一方面可以起到强调特殊的高程分区的作用；另一方面能够使地图具有明快、美观的立体效应，具有清晰易读的效果。

分层设色地势图的立体感强，既能表示地势，又能在一定程度上表示各种地貌形态类型，区分高山、中山、低山、丘陵、平原、盆地等地貌单元。分层设色最重要的是建立合适的高度表。每一张图都有自己的高度表，这是建立美观、协调、合理的地势效果的重要依据。高程表的基本单元是等间隔的，每一个单元就是一个高程带，随地势增高，各高程带的等高距逐渐增大。每个高程带的界限是与地貌类型的界限相吻合，高程带的交界也是颜色变更的界线。所以，设计地貌高度表对地形表达有至关重要的作用。

设计地貌高度表的原则和步骤如下。

(1) 确定研究区域内各种不同类型的地貌特征，这是确定高程带等高距的关键。

(2) 划分高程带。在划分高程带过程中需要研究同类小比例尺地势图的高度带，为了更好地表示地形地貌，可以采取变动的等高距。在开发程度较高的地区，需详细表示这些地区的地表起伏，等高距略小，而对于可概略表示的高山区域，其等高距可大些。每个高程带应反映地面按高度分布的某种地貌类型，高程带的分界线选在地貌类型的变更线上。

(3) 高程带设色的原则需按照人们阅读地势图的通常习惯，用象征色来表示不同的高程带。例如，陆地按地面由低到高的顺序，用绿、黄、棕等颜色分别表示平原、高原和高山地貌；绿色越浓，表示地势越低；黄色越深，海拔越高；棕褐色越深，表示地势越高。海洋用浓淡不同的蓝色表示海洋的不同深度。雪线以上的地区通常用近似白色的浅紫色表示。

(4) 不断地实验、调整高度表的高程带，建立最终合适的高度表。

分层设色法就是在不同的高程梯级内，设计有规律的颜色来表现地貌的起伏。但分层设色法的优势并不在于其对山体三维效果的表达，而在于其表现了山体高度带的分布规律以及生动的背景效果。图 2-6 为由 DEM 生成的分层设色图。

☞ 习作 2-4 生成分层设色图

所需数据：dem，一个像元大小 25m 的高程栅格，位于 ex4 文件夹内。

图 2-6 由 DEM 生成的分层设色图

（1）启动 ArcMap，添加"dem"到"Layer"。确认"Tools"菜单下"Customize"和"Extensions"中的"3D Analyst"均已打钩。

（2）双击图层"dem"，打开"Layer Properties"的对话框，选择"Symbology"栏，将"Color Ramp"修改为绿色向红色渐变的彩色带，点击"Classify"，打开分类对话框。

（3）将"Classes"修改为 6，在"Break Values"里将前五个临界值修改为"1902、2002、2102、2202、2302"，点击"OK"，回到"Layer Properties"对话框。

（4）在颜色分类指示框内，单击"Label"栏，选择"Format Labels"，在"Rounding"框内，选择第一项"Number of decimal places"，并修改为 0，点击"OK"，点击"确定"。由此将图例显示的数字变为整数。

五、透视图法

透视图法是地形的三维视图。透视图主要受观察方位、观察角度、观察距离和竖向比例尺的影响。观察方位是指观察者到地表面的方向，变化范围是顺时针 0°~360°；观察角度是观察者所在高度与地平面的夹角，在 0°~90°之间，观察角度为 90°表示从地表正上方观察地面，观察角度为 0°表示从正前方观察地面。因此，观察角度是 0°，三维效果最大。观察距离是观察者与地表面的距离，可以调整观察距离来近看或者远看。竖向比例尺是垂直比例尺与水平比例尺的比率。图 2-7 是由 DEM 进行三维拉伸产生的透视图。

图 2-7 透视图

☞ **习作 2-5　生成透视图**

所需数据：dem，一个像元大小 25m 的高程栅格，位于 ex4 文件夹内。

（1）启动 ArcScene，添加"dem"到"Layer"。右击"dem"图层，选择"Properties"，打开"Layer Properties"对话框。

（2）选择"Base Heights"选项，点击"Floating on a custom surface"，点击"确定"。我们可以看出，"dem"图层有了高低起伏，但不是很明显。

（3）右击"Scene layers"，选择"Scene Properties"，打开"Scene Properties"对话框，在"General"栏下，将"Vertical Exaggeration"设置为 5，点击"确定"。这时"dem"图层的立体感非常强。

（4）双击"dem"图层，打开"Layer Properties"对话框，选择"Symbology"，将"Color Ramp"设置为绿色向红色渐变的彩色带，点击"确定"。

第三节　地形要素

地形是最基本的自然地理要素，地形因子是对地形及其某一方面特征的具体数字描述。DEM 所生成的主要地形因子有坡度（Slope）、坡向（Aspect）、平面曲率（Plan Curvature）、剖面曲率（Profile Curvature）等。其中坡度、坡向是最重要的 2 个地形因子，有助于土壤侵蚀、生物栖息地适宜性、选址分析等领域的问题解决（Lane et al.，1998；Wilson，Gallant，2000）。

一、坡度

坡度作为最基本的地貌形态指标，是指地球表面上一点的切平面与水平地面的夹角。坡度是地表位置上高度变化率的量度，它对地表物质能量迁移转换具有重要影响。地面坡度是对地面倾斜程度的定量描述,被广泛应用于土壤、土壤侵蚀、土地利用、植被立地条件等调查以及水土保持措施布设等。其计算公式表达如下:

$$\text{Slope} = \tan\sqrt{\text{Slope}_{WE}^2 + \text{Slope}_{SN}^2} \qquad (2\text{-}1)$$

式中:Slope_{WE} 为 X 方向的坡度;Slope_{SN} 为 Y 方向的坡度。

坡度信息提取和分析方法通常有 3 种:一是利用测量仪器在野外进行实测;二是利用地形图,根据等高线间距离和相应的水平距离进行计算;三是利用 DEM,在 GIS 支持下利用专门的算法提取坡度(表面)。对于不同目的、不同空间尺度和精度的研究,坡度信息提取的方法有所不同。在坡面尺度进行土壤调查、土壤侵蚀调查、水土保持措施布设等,坡度等地形参数可以通过地面实测、大比例尺地形图(或高分辨率 DEM)量测来获取。坡度可表达为百分数或者度数。其中,百分数坡度表示垂直距离与水平距离之比率乘以 100,度数坡度是垂直距离与水平距离之比的反正切。图 2-8 为由 DEM 生成的坡度图,每个栅格对应一个坡度值,不同的颜色代表不同的坡度。

由于受到地图表现能力和统计分析能力的限制,坡度制图通常是对坡度级别的制图。这种制图往往存在 2 个缺陷:一是难以形成通用的、供多个专业使用的坡度分级系统,从而在空间结构和相应的统计数据方面可比性较低,坡度制图数据的共享应用受到了严重限制;二是坡度的制图不是针对坡度本身,而是坡度级别,表现为有限的几个值且不连续。

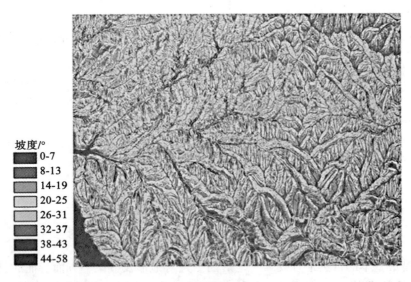

图 2-8 坡度图

☞ 习作 2-6 生成坡度图

所需数据:dem,一个像元大小 25m 的高程栅格,位于 ex4 文件夹内。

(1)启动 ArcMap,添加"dem"到"Layer"。确认"Tools"菜单下"Customize"和"Extensions"中的"3D Analyst"均已打钩。

(2) 在菜单栏上打开 ArcToolbox，依次选择"3D Analyst Tools"→"Raster surface"，双击"Slope"，打开对话框，在"Input raster"下选择"dem"，在"Output raster"中选择保存路径并命名为"slope"，点击"OK"。

(3) 图层 slope 会被自动加载到 ArcMap，双击图层"slope"，打开"Layer Properties"对话框，选择"Symbology"栏，修改"classes"对应的数值为8。并点击"Classify"，打开"Classfify"对话框。

(4) 在"Break Values"栏里，将前7个对应的"Break Values"修改为"7、13、19、25、31、37、43"，点击"OK"，回到"Layer Properties"对话框。

(5) 在颜色分类指示框内，单击"Label"栏，选择"Format Labels"，在"Rounding"框内，选择第一项"Number of decimal places"，并修改为0，点击"OK"，点击"确定"。

二、坡向

坡向用于识别表面上某一位置处的最陡下坡方向。可将坡向视为坡度方向或山体所面对的罗盘方向。坡向是斜坡方向的量度，为地表面上一点切平面的法线在水平面的投影与该点正北方向的夹角。坡向的计算公式可表达如下：

$$\text{Aspect} = \text{Slope}_{SN}/\text{Slope}_{WE} \tag{2-2}$$

不同坡向之间温度或植被的差异往往是较大的，南坡或西南坡最暖和，而北坡或东北坡最寒冷，同一高度的极端温差竟达 3~4℃。在南坡森林上界比北坡高 100~200m。永久雪线的下限因地而异，在南坡可抬高 150~500m。东坡与西坡的温度差异比南坡与北坡的温度差异小。

坡向是针对 TIN 中的每个三角形和栅格中的每个像元进行计算的。坡向以度为单位按逆时针方向进行测量，角度范围介于 0°（正北）到 360°（仍是正北，循环一周）之间。坡向格网中各像元的值均表示该像元的坡度所面对的方向。平坡没有方向，平坡的值被指定为 -1。一般而言，将坡向分为 8 个方向，即 N(0°~22.5°、337.5°~360°)、NE(22.5°~67.5°)、E(67.5°~112.5°)、SE(112.5°~157.5°)、S(157.5°~202.5°)、SW(202.5°~247.5°)、W(247.5°~292.5°)、NW(292.5°~337.5°)。图 2-9 为由 DEM 生成的坡向图。

☞ **习作 2-7　生成坡向图**

所需数据：dem，一个像元大小 25m 的高程栅格，位于 ex4 文件夹内。

(1) 启动 ArcMap，添加"dem"到"Layer"。确认"Tools"菜单下"Customize"和"Extensions"中的"3D Analyst"均已打钩。

(2) 在菜单栏上打开 ArcToolbox，依次选择"3D Analyst Tools"→"Raster surface"，双击"Aspect"，打开对话框，在"Input raster"下选择"dem"，在"Output raster"中选择保存路径并命名为"aspect"，点击"OK"。

(3) 图层 aspect 自动加载进来，不同颜色显示了不同坡向。

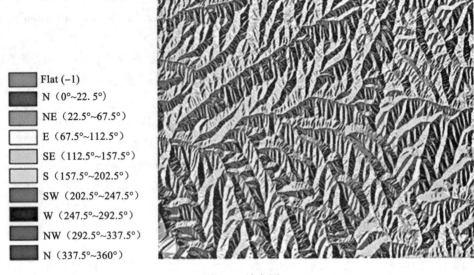

图 2-9 坡向图

三、表面曲率

表面曲率是对地表面每一点弯曲变化程度的表征，主要是为了反映某一个像元位置表面是向上凸还是向下凹。该值通过将该像元与 8 个相邻像元拟合而得。曲率是表面的二阶导数，或者可称之为坡度的坡度。像元曲率值为正表示向上凸，像元曲率值为负表示向下凹，像元曲率值为 0 表示该平面是平的。地面曲率主要有平面曲率、剖面曲率两种。平面曲率则是等高线方向的变化率，平面曲率是坡向变化的二次导数，也是对坡向再求坡度；剖面曲率是坡度最大方向上坡度变化率，剖面曲率是高程变化的二次导数，也是对坡度再求坡度，是确定地形和进行其他一系列地形分析的重要定量地形指标。

平面曲率反映的是地形的局部起伏情况，值为正说明该像元的表面向上凸，值为负说明该像元的表面开口朝上凹入，值为 0 说明表面是平的。剖面曲率反映的是地形的复杂程度，值为负说明该像元的表面向上凸，值为正说明该像元的表面开口朝上凹入，值为 0 说明表面是平的。详见图 2-10，某山区（平缓地貌）的全部 3 个输出栅格的合理期望值介于 $-0.5 \sim 0.5$ 之间；如果山势较为陡峭崎岖（极端地貌），那么期望值介于 $-4 \sim 4$ 之间。请注意，某些栅格表面可能会超过此范围。

☞ 习作 2-8　生成表面曲率图

所需数据：dem，一个像元大小 25m 的高程栅格，位于 ex4 文件夹内。

(1) 启动 ArcMap，添加"dem"到"Layer"。确认"Tools"菜单下"Customize"和"Extensions"中的"3D Analyst"均已打钩。

(2) 在菜单栏上打开 ArcToolbox，依次选择"3D Analyst Tools"→"Raster surface"，双击"Curvature"，打开对话框，在"Input raster"下选择"dem"，在"Output curvature raster"中选择保存路径并命名为"curvature"，在"Output profile curve raster（optional）"

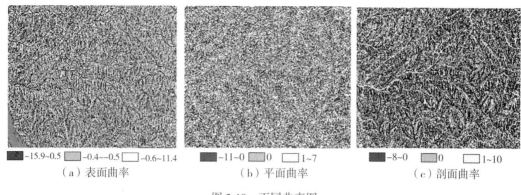

图 2-10 不同曲率图

中选择保存路径并命名为"profile",在"Output plan curve raster (optional)"中选择保存路径并命名为"plan",点击"OK"。图层"curvature"(表面曲率)、图层"profile"(剖面曲率)、图层"plan"(平面曲率)会自动加载进 ArcMap 中。

(3)双击"curvature"图层,打开"Layer Properties"对话框,点击"Symbology"栏,选择"Classified",将"Classes"项改为 3,点击"Classify",将前两个"Break Values"修改为"0、0",点击"OK",回到"Layer Properties"对话框。由此,将表面曲率的值分为正值、零、负值三类。

(4)单击"Color Ramp"下方的"Label"栏,选择"Format Labels",点击"Number of decimal places",并修改对应的数值为 0,点击"OK"。双击"Range"为"0-11"的"Symbol"方块,选中红色,点击"确定"。红色部分代表向上凸的部分,黑色代表向上凹的部分,灰色代表平地,由平面曲率图可以看出,该地区地形大部分向上凸。

(5)重复第(3)步和第(4)步,分别得到重新分类后的平面曲率图和剖面曲率图。

第四节 案例 1:地形分析[①]

一、实验目的

(1)掌握由高程点、等高线矢量数据生成 DEM 的实验步骤(步骤 1 到步骤 4);
(2)掌握根据 DEM 计算坡度、坡向、表面曲率的实验步骤(步骤 5 到步骤 6);
(3)掌握根据 DEM 生成等高线、地表阴影的实验步骤(步骤 7 到步骤 9);
(4)掌握根据 DEM 进行通视性分析的实验步骤(步骤 10 到步骤 11)。

二、实验数据(数据位于 ex5 文件夹内)

Boundary. shp——面文件,大理市洱海地区的边界范围;
contour. shp——线文件,洱海地区的等高线;

---

① 该实验数据及思路参考网址 http://jingyan.baidu.com/article/64d05a02752b00de55f73b91.html。

Erhai.shp——面文件，洱海湖的边界范围；
stations.shp——点文件，移动基站。

三、实验步骤

1. 数据加载

在 ArcMap 中新建一个地图文档，单击菜单栏"标准工具条"中的"Add Data"，弹出对话框，点击"连接至文件夹"，选择需要加载数据的路径，并添加 Boundary.shp、contour.shp、Erhai.shp（同时选中：在点击时同时按住"Shift"），如图 2-11、图 2-12 所示。

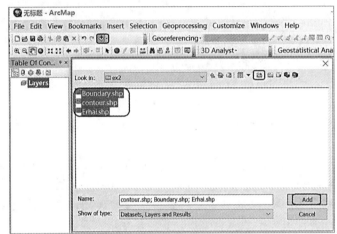

图 2-11　数据添加对话框　　　　　图 2-12　数据显示

2. 打开 3D Analyst 工具栏

在菜单栏上点击"Customize"→"Extensions"，勾选"3D Analyst"扩展模块，接着在工具栏空白区域右击，打开"3D Analyst"工具栏，如图 2-13、图 2-14 所示。

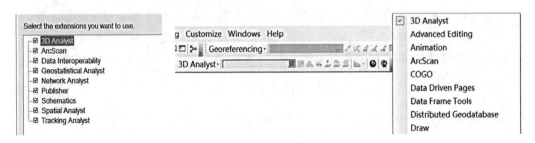

图 2-13　激活扩展模块　　　　　图 2-14　打开"3D Analyst"工具栏

3. 生成 TIN

打开 ArcToolbox 工具箱，执行命令"3D Analyst"→"Data Management"→"TIN"→"Create TIN"，打开"Create TIN"对话框，并完成相关设置，操作步骤如图 2-15、图 2-16 所示。生成的 TIN 效果图如图 2-17 所示。注意："Input Features"加载"Boundary.shp"是为了限定生成 TIN 的范围。

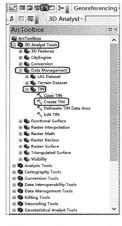

图 2-15 打开工具箱

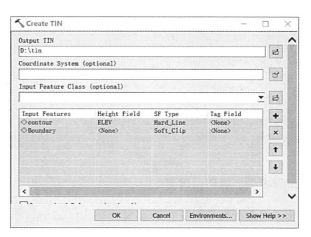

图 2-16 打开"Create TIN"对话框

4. 将 TIN 生成 DEM

在 ArcToolbox 中，执行"3D Analyst Tools"→"Conversion"→"From TIN"→"TIN to Raster"，打开"TIN to Raster"对话框，并完成相关设置，操作步骤如图 2-18、图 2-19 所示。生成的 DEM 效果图如图 2-20 所示。由此完成实验目标(1)。

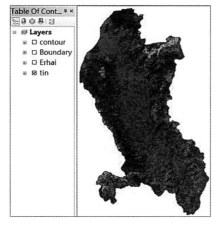

图 2-17 TIN 效果图

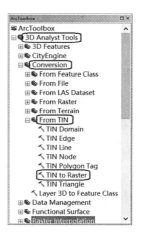

图 2-18 打开工具箱

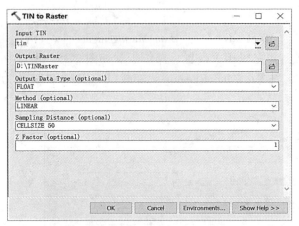
图 2-19　打开"TIN to Raster"对话框

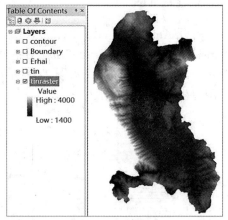
图 2-20　DEM 效果图

5. 生成坡度、坡向、曲率

DEM 文件是进行地形分析的重要基础文件之一，可根据 DEM 文件进行坡度、坡向、平面曲率、剖面曲率等分析，请根据习作 2-6、习作 2-7、习作 2-8 进行操作，生成洱海地区的坡度图、坡向图、平面曲率图和剖面曲率图，结果分别如图 2-21(a)、(b)、(c)、(d)所示。

6. 地势分析

根据图 2-21，可以分析洱海地区的地势情况，可以看出，洱海西边的地势更加陡峭和复杂，西边的坡向主要为向东，而东边的坡向主要为向西，整个洱海地区地形主要为平地和向上凸的地势。读者可利用 Raster Calculator 计算出向上凸、平地和向上凹三类地形的面积百分比。由此完成实验目标(2)。

7. 数据加载

在菜单栏上点击"Insert"→"Data Frame"，并命名为"Task2"。在标准工具栏上点击"Add Data" 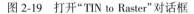，加入由步骤 3 生成的 tinraster 图层。

8. 生成地表阴影

在标准工具栏上点击"ArcToolbox"，依次点击"3D Analyst Tools"→"Raster Surface"→"Hillshade"，如图 2-22 所示。按照图 2-23 进行相关设置，得到图 2-24 的效果图，完成山体阴影图的生成。

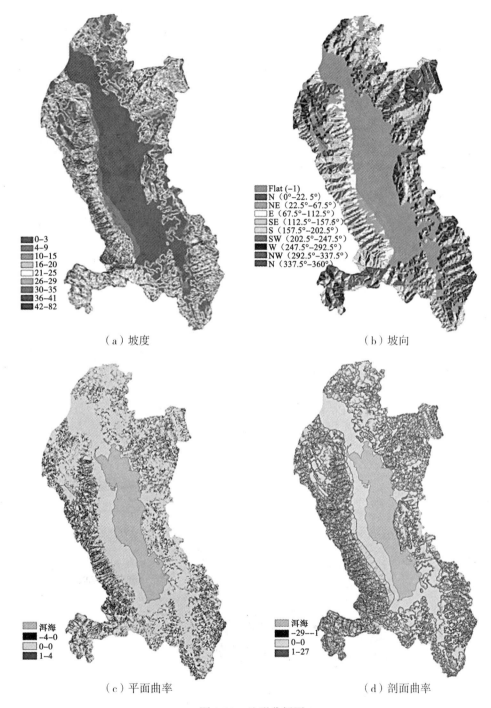

图 2-21 地形分析图

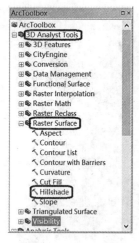
图 2-22 打开工具箱

图 2-23 Hillshade 窗口

9. DEM 渲染

接下来对山体阴影图进行渲染，以更突出立体效果。关闭除 tinraster 图层和 Hillshade 图层以外所有图层的显示，并将 tinraster 图层放在 Hillshade 图层之上。双击"tinraster"图层，打开"Layer Properties"对话框，按照图 2-25 所示设置"Symbology"选项页中的颜色。在工具栏空白处右击，勾选"Effects"，如图 2-26 所示。将"Transparentcy"调整为 45%，得到的渲染效果如图 2-27 所示。由此完成实验目标(3)。

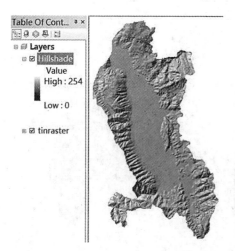
图 2-24 生成的 Hillshade 效果图

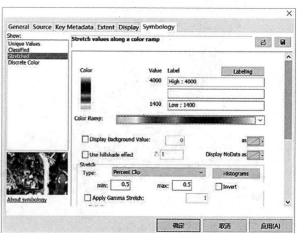
图 2-25 设置颜色

第四节 案例1：地形分析

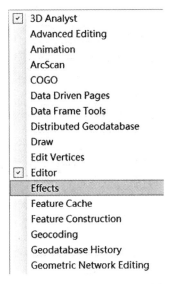

图2-26 打开"Effects"工具栏

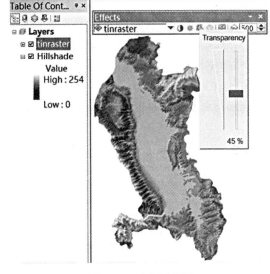

图2-27 渲染效果图

10. 通视性分析

在上一步分析结果的基础上，打开"3D Analyst"工具栏，从工具栏选择"Create Line of Sight"（创建通视线）工具，如图2-28所示。在地图上点击观察点和目标点，在出现的对话框中输入"Observer offset"（观察者偏移量）和"Target offset"（目标偏移量），即距地面的距离，如图2-29所示。地图上现实区中观察点沿不同方向绘制多条直线，可以得到观察点到不同目标点的通视性，其中，图2-29中深色线段表示不可见部分，浅色线段表示可视的部分。

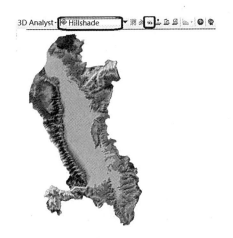

图2-28 创建通视线工具栏

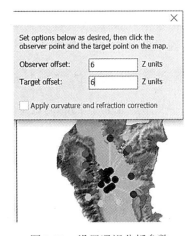

图2-29 设置通视分析参数

11. 可视区分析

在上一步基础上，继续深入可视区分析，并以移动发射基站信号覆盖为例。在"Table of Contents"（内容列表）中关闭除 tinraster 之外的所有图层，加载 stations.shp 图层。打开 ArcToolbox，依次选择"3D Analyst Tools"→"Visibility"→"Viewshed"（视域），如图 2-30 所示。按照图 2-31 所示进行设置，生成的视域效果图如图 2-32 所示，图中较浅色部分代表现有发射基站信号已覆盖的区域，较深色代表无法接收到手机信号的区域。

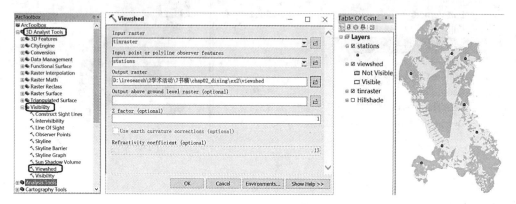

图 2-30　可视分析工具箱　　图 2-31 可视分析对话框　　图 2-32　视域分析效果图

第五节　案例 2：水文分析

一、实验目的

（1）掌握根据 DEM 进行流向分析的实验步骤（步骤 1 到步骤 3）；
（2）掌握根据 DEM 提取矢量河流网络的实验步骤（步骤 4 到步骤 7）；
（3）掌握根据 DEM 进行盆域分析的实验步骤（步骤 8 到步骤 9）。

二、实验数据（数据位于 ex4 文件夹内）

dem——一个像元大小 25m 的数字高程栅格。

三、实验步骤

1. 数据加载

在 ArcMap 中新建一个地图文档，单击菜单栏"标准工具条"中的"Add Data"，弹出对话框，点击"连接至文件夹"，选择需要加载数据的路径，并添加"dem"。

2. 洼地填充

确保菜单栏"Customize"→"Extensions"中的"Spatial Analyst"模块勾选上。打开 ArcToolbox 工具箱，执行命令"Spatial Analyst Tools"→"Hydrology"→"Fill"（填洼），打开"Fill"对话框，并完成相关设置，操作步骤如图 2-33 所示，点击"OK"。生成的无洼地 DEM 数据 fill_dem 如图 2-34 所示。

解析：洼地填充是为了在栅格数据表面填充洼地以去除数据的小瑕疵。DEM 被认为是比较光滑的地形表面模拟，但由于内插原因以及一些真实地形的存在，使得 DEM 表面存在着一些凹陷的区域，在进行地表水流模拟时，由于低高程的存在，在计算水流流向中得不到该区域合理的或正确的水流方向。因此，在进行水流方向计算之前，应该对 DEM 数据进行洼地填充，得到无洼地的 DEM。

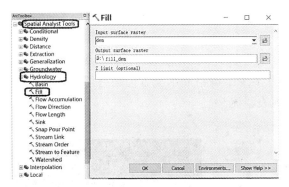

图 2-33 填洼操作步骤

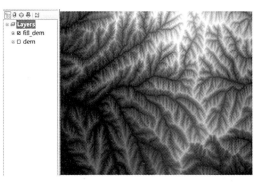

图 2-34 填洼效果图

3. 流向分析

在上一步基础上，打开 ArcToolbox 工具箱，执行命令"Spatial Analyst Tools"→"Hydrology"→"Flow Direction（流向）"，打开"Fill"对话框，并完成相关设置，操作步骤如图 2-35 所示，点击"OK"。FlowDir_fill 图层自动加载，双击该图层打开"Layer Properties"对话框，点击"Symbology"选项卡，选择"Unique Values"，点击"OK"，点击"确定"，关闭对话框，流向栅格图如图 2-36 所示。请读者思考如何解释这幅流向栅格图，什么方位的流向占主导？

解析：流向分析中，以数值表示每个单元的流向，数字变化范围是 1~255。其中，1 表示东，2 表示东南，4 表示南，8 表示西南，16 表示西，32 表示西北，64 表示北，128 表示东北。除上述值以外的其他值表示流向不确定，这是由 DEM 中的洼地和平地现象所造成的。因此，在进行流向分析前必须进行填洼处理。

4. 计算汇流累积量

打开 ArcToolbox 工具箱，执行命令"Spatial Analyst Tools"→"Hydrology"→"Flow

Accumulation"(汇流累积),打开"Flow Accumulation"对话框,并完成相关设置,操作步骤如图 2-37 所示,点击"OK"。生成的汇流累积栅格图 flowacc 如图 2-38 所示。

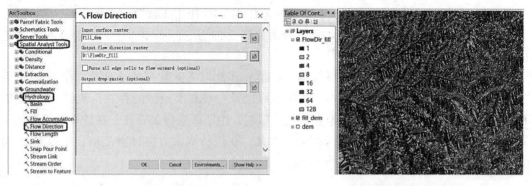

图 2-35　流向分析对话框　　　　　　　　图 2-36　流向栅格图

解析:在地表径流模拟过程中,流水累计量是基于水流方向数据计算得到的。对每个栅格来说,其流水累计量的大小代表其上游有多少个栅格的水流方向最终汇流经过该栅格,汇流累积的数值越大,该区域越易形成地表径流。

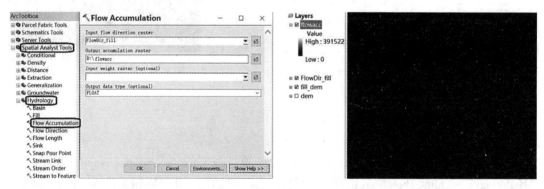

图 2-37　汇流累积分析对话框　　　　　　图 2-38　汇流累积量栅格图

5. 提取河流网络栅格

打开 ArcToolbox 工具箱,执行命令"Spatial Analyst Tools"→"Map Algebra"→"Raster Calculator"(栅格计算器),打开"Raster Calculator"对话框(图 2-39),在"Map Algebra expression"(地图代数表达式)中输入公式"Con("flowacc" > 800,1)"(注意此处"Con",第一个字母须为大写),在"Output raster"中选择保存路径并命名为"streamnet"(图 2-40)。

解析:地图代数表达式的含义为汇流累积量栅格 flowacc 中栅格单元值(汇流累计量)大于 800 的栅格赋值为 1,否则为 0,从而得到河流网格栅格 streamnet。

第五节 案例2：水文分析

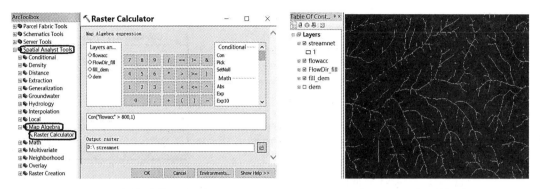

图2-39 栅格计算器对话框　　　　　图2-40 河流网络栅格

6. 提取河流网络矢量数据

打开 ArcToolbox 工具箱，执行命令"Spatial Analyst Tools"→"Hydrology"→"Stream to Feature"（栅格河网矢量化），打开"Stream to Feature"对话框，并完成相关设置，如图2-41所示，点击"OK"。生成的河流网络矢量数据 streamvec 如图2-42所示。

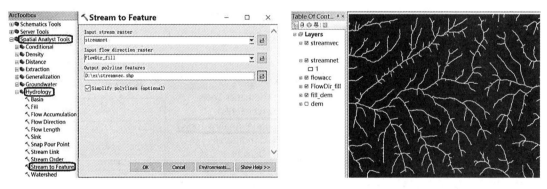

图2-41 "Stream to Feature"对话框　　　　　图2-42 河流网络矢量数据

7. 河流网络平滑处理

点击工具栏上"Editor"（编辑器）→"Start Editing"（开始编辑），确保目标图层为"streamvec"，右击图层"streamvec"，选择"Open Attribute Table"，在"Table Options"下拉栏中选择"Select All"，如图2-43所示。在"Editor"下拉栏中选择"More Editing Tools"→"Advanced Editing"（高级编辑）（图2-44），打开"Advanced Editing"工具条，在"Maximum allowable offset"（允许最大偏移）输入"4"，点击"OK"（图2-45），得到平滑后的河流网络矢量数据。在"Editor"下拉栏中选择"Save Edits"→"Stop Editing"，保存所做修改。

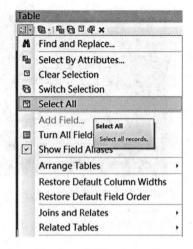

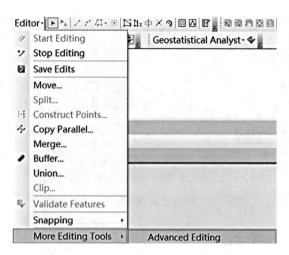

图 2-43 选择"Select All"   图 2-44 打开"Advanced Editing"工具条

8. 盆域分析

盆域分析用于划分出研究区所有的流域盆地。打开 ArcToolbox 工具箱，执行命令"Spatial Analyst Tools"→"Hydrology"→"Basin"（盆域分析），打开"Basin"对话框，并完成相关设置，如图 2-46 所示，点击"OK"。生成的盆域分析结果 basin 如图 2-47 所示。

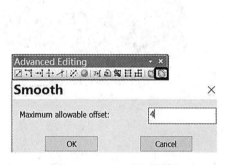

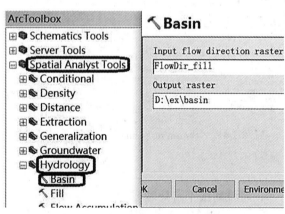

图 2-45 "Smooth"对话框   图 2-46 盆域分析对话框

解析：流域盆地是由分水岭分割而成的汇水区域。它通过对水流方向数据的分析确定出所有相互连接并处于同一流域盆地的栅格。流域盆地的确定首先是要确定分析窗口边缘的出水口的位置，换言之，在进行流域盆地划分中，所有流域盆地的出水口均处于分析窗口的边缘。当确定了出水口的位置后，其流域盆地集水区的确定就是找出所有流入出水口的上游栅格的位置。

9. 流域栅格矢量化

打开 ArcToolbox 工具箱，执行命令"Conversion Tools"→"From Raster"→"Raster to Polygon"（栅格转面），打开"Raster to Polygon"对话框，并完成相关设置，如图 2-48 所示，点击"OK"。请读者根据生成的结果图 basinvec 分析一共有多少流域盆地？

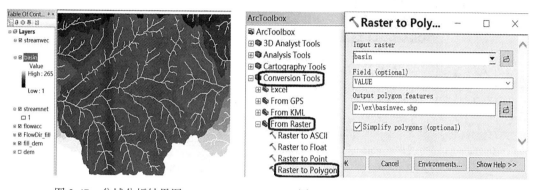

图 2-47　盆域分析结果图　　　　图 2-48　"Raster to Polygon"对话框

第六节　案例3：滑坡敏感性制图分析

一、实验目的

（1）掌握根据 DEM 生成坡度图、坡向图、平面曲率图、剖面曲率图的实验步骤（步骤1和步骤2）；
（2）掌握由面图层生成随机点的实验步骤（步骤3）；
（3）掌握计算点到线的距离的实验步骤（步骤4）；
（4）掌握提取值到点的实验步骤（步骤5）。

二、实验数据（数据位于 ex6 文件夹内）

StreamT_streamn1.shp——线文件，三峡库区青干河流域河流；
dem_final1.img——栅格文件，三峡库区青干河流域高程；
geomap_fin_cv1.img——栅格数据，三峡库区青干河流域岩石属性；
landsli_polyg.shp——面文件，三峡库区青干河流域曾发生滑坡区域；
not_land.shp——面文件，三峡库区青干河流域未曾发生滑坡区域。

三、实验步骤

1. 生成坡度、坡向

（1）添加数据：打开 ArcMap，单击菜单栏"标准工具条"中的"Add Data"，选择需要加载数据的路径,添加以下数据:StreamT_streamn1.shp、dem_final1.img、geomap_fin_cv1.img、landsli_polyg.shp、not_land.shp(图2-49)。

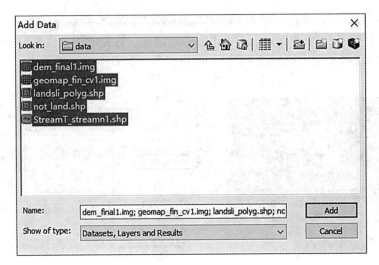

图2-49 添加数据

(2)生成坡度图层:打开ArcToolbox工具箱,双击"Spatial Analyst Tools"→"Surface"→"Slope"。在"Input raster"输入"dem_final1.img",在"Output raster"里选择输出路径并命名为"slope",在"Output measurement(optional)"选择"DEGREE",其他默认,点击"OK"(图2-50)。结果如图2-51所示。

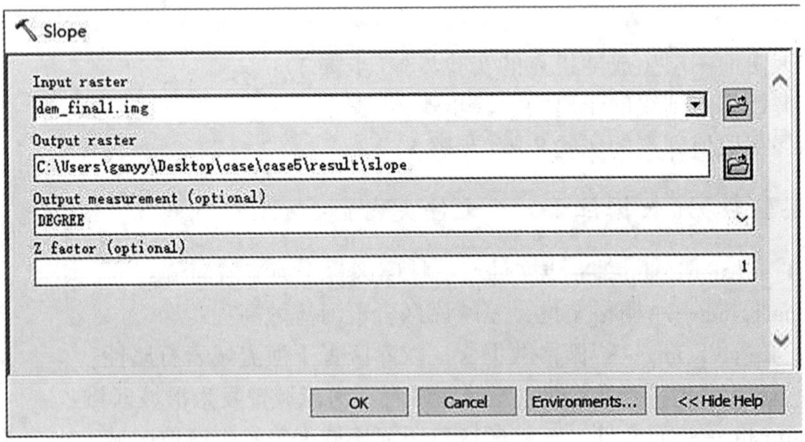

图2-50 "Slope"对话框

(3)生成坡向图层:打开ArcToolbox工具箱,双击"Spatial Analyst Tools"→"Surface"→"Aspect"。在"Input raster"输入"dem_final1.img",在"Output raster"里选择输出路径并命名为"aspect",点击"OK"(图2-52),结果如图2-53所示。

第六节 案例3：滑坡敏感性制图分析

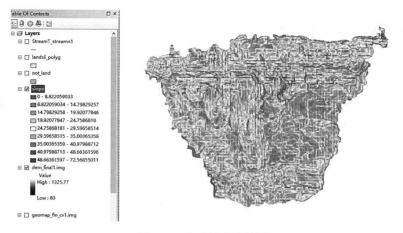

图 2-51 生成坡度结果图

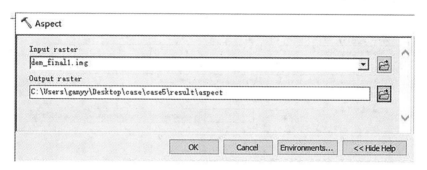

图 2-52 "Aspect"对话框

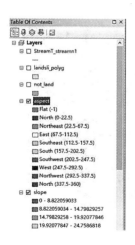

图 2-53 生成坡向结果图

47

2. 生成平面曲率、剖面曲率

打开 ArcToolbox 工具箱，双击"Spatial Analyst Tools"→"Surface"→"Curvature"。在"Input raster"输入"dem_final1.img"，在"Output profile curve raster(optional)"里选择输出路径并命名为"profile_curvature.img"，在"Output plan curve raster(optional)"里选择输出路径并命名为"plan_curvature.img"，其他默认，点击"OK"（图 2-54），结果如图 2-55 所示。此时生成了 3 个图层，分别为平面曲率、剖面曲率和标准曲率，可将标准曲率图层删掉，保留平面曲率图层和剖面曲率图层。

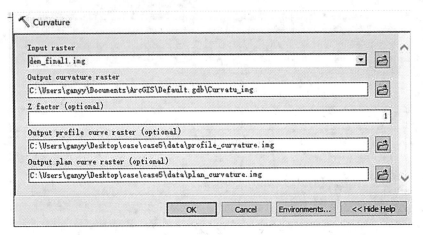

图 2-54 "Curvature"对话框

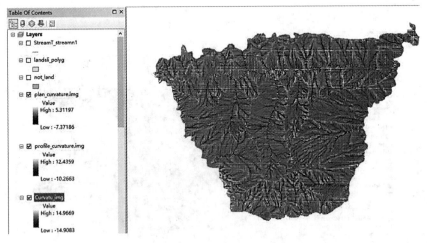

图 2-55 生成各曲率结果图

3. 生成滑坡点和未滑坡点

（1）打开 ArcToolbox 工具箱，双击"Data Management Tools"→"Feature Class"→"Create

Random Points"。在"Output Location"里选择路径输出,"Output Point Feature Class"命名为"lan_points",在"Constraining Feature Class(optional)"里输入"landsli_polyg",在"Long"下方输入"200",其他默认,点击"OK"(图2-56)。

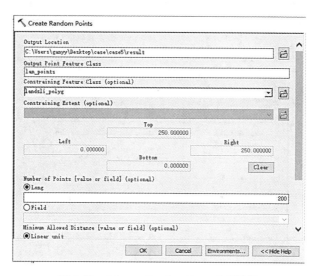

图2-56 "Create Random Points"对话框

(2)生成未滑坡点:同理,打开 ArcToolbox 工具箱,双击"Data Management Tools"→"Feature Class"→"Create Random Points"。在"Output Location"里选择路径输出,"Output Point Feature Class"命名为"notlan_points",在"Constraining Feature Class"里输入"not_land",在"Long"下方输入"2000",其他默认,点击"OK"。结果如图2-57所示。

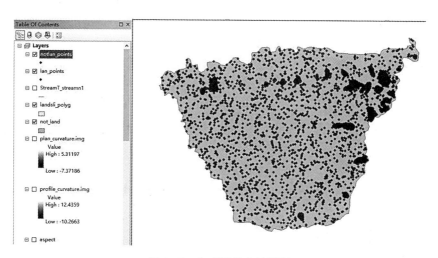

图2-57 生成随机点结果图

4. 计算随机点到河流的距离

打开 ArcToolbox 工具箱，双击"Analysis Tools"→"Proximity"→"Near"。在"Input Features"输入"notlan_points"，在"Near Features"输入"StreamT_streamn1"，其他默认，点击"OK"（图 2-58）。同样地，在"Input Features"里输入"lan_points"，可计算出随机滑坡点到河流的距离。

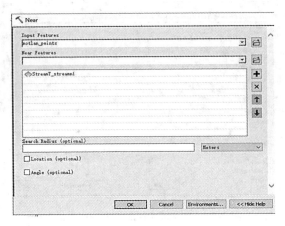

图 2-58 "Near"对话框

5. 将坡度、坡向、曲率等属性赋值到随机点上

（1）打开 ArcToolbox 工具箱，双击"Spatial Analyst Tools"→"Extraction"→"Extract Values to Points"。在"Input point features"输入"notlan_points"，在"Input rasters"添加"profile_curvature、plan_curvature、aspect、slope、dem_final1.img、geomap_fin_cv1.img"，点击"OK"（图 2-59）。同理，在"Input point features"输入"lan_points"，也将属性值提取到滑坡点。

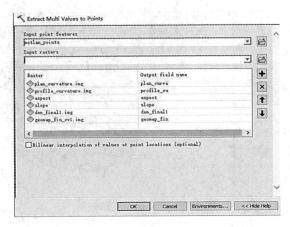

图 2-59 "Extract Values to Points"对话框

(2)此时，可以看到随机点图层属性表里有高程、到河流距离、坡度、坡向、平面曲率、剖面曲率和岩石属性等值(图2-60)。读者可根据这些值在SPSS、STATA等统计软件中进行回归分析。

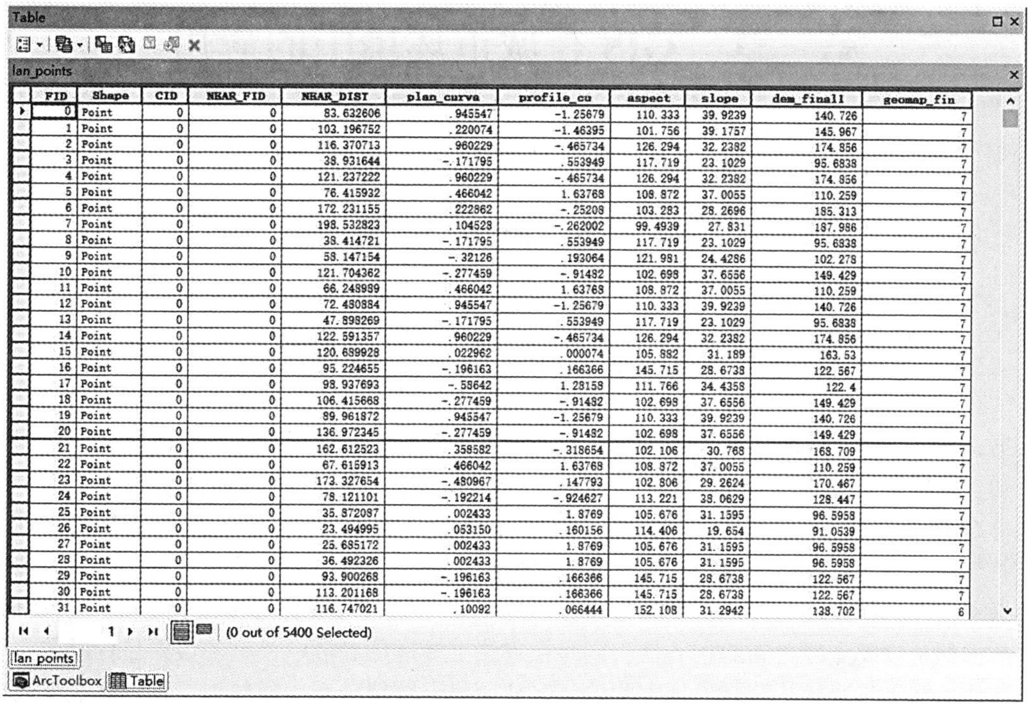

FID	Shape	CID	NEAR_FID	NEAR_DIST	plan_curva	profile_cu	aspect	slope	dem_finall	geomap_fin
0	Point	0	0	83.632606	.945547	-1.25679	110.333	39.9239	140.726	7
1	Point	0	0	103.196752	.220074	-1.46395	101.756	39.1757	145.967	7
2	Point	0	0	116.370713	.960229	-.465734	126.294	32.2382	174.856	7
3	Point	0	0	38.931644	-.171795	.553949	117.719	23.1029	95.6838	7
4	Point	0	0	121.237222	.960229	-.465734	126.294	32.2382	174.856	7
5	Point	0	0	76.415932	.466042	1.63768	108.872	37.0055	110.259	7
6	Point	0	0	172.231155	.222862	-.25208	103.283	28.2696	185.313	7
7	Point	0	0	198.532823	.104528	-.262002	99.4939	27.831	187.986	7
8	Point	0	0	38.414721	-.171795	.553949	117.719	23.1029	95.6838	7
9	Point	0	0	58.147154	-.32126	.193064	121.981	24.4286	102.278	7
10	Point	0	0	121.704362	-.277459	-.91482	102.698	37.6556	149.429	7
11	Point	0	0	66.248989	.466042	1.63768	108.872	37.0055	110.259	7
12	Point	0	0	72.480884	.945547	-1.25679	110.333	39.9239	140.726	7
13	Point	0	0	47.898269	-.171795	.553949	117.719	23.1029	95.6838	7
14	Point	0	0	122.591357	.960229	-.465734	126.294	32.2382	174.856	7
15	Point	0	0	120.689928	.022962	.000074	105.882	31.189	163.53	7
16	Point	0	0	95.224655	-.196163	.166366	145.715	28.6738	122.567	7
17	Point	0	0	98.937693	-.58642	1.28158	111.766	34.4358	122.4	7
18	Point	0	0	106.415668	-.277459	-.91482	102.698	37.6556	149.429	7
19	Point	0	0	89.961872	.945547	-1.25679	110.333	39.9239	140.726	7
20	Point	0	0	136.972345	-.277459	-.91482	102.698	37.6556	149.429	7
21	Point	0	0	162.612523	.358582	-.318654	102.106	30.768	168.709	7
22	Point	0	0	67.615913	.466042	1.63768	108.872	37.0055	110.259	7
23	Point	0	0	173.327654	-.480967	.147793	102.806	29.2624	170.467	7
24	Point	0	0	78.121101	-.192214	-.924627	113.221	38.0629	128.447	7
25	Point	0	0	35.872087	.002433	1.8769	105.676	31.1595	96.5958	7
26	Point	0	0	23.494995	.053150	.160156	114.406	19.654	91.0539	7
27	Point	0	0	25.685172	.002433	1.8769	105.676	31.1595	96.5958	7
28	Point	0	0	36.492326	.002433	1.8769	105.676	31.1595	96.5958	7
29	Point	0	0	93.900268	-.196163	.166366	145.715	28.6738	122.567	7
30	Point	0	0	113.201168	-.196163	.166366	145.715	28.6738	122.567	7
31	Point	0	0	116.747021	.10092	.066444	152.108	31.2942	138.702	6

图2-60 “lan_points”属性表

第三章 GIS 在城市环境中的应用

第一节 概念梳理

一、空间插值的概念

在现实生活中，由于观测站点分布或者观测点位置原因，不可能得到任何空间地点的数据，但是这些点周围区域内点的数据容易观测得到。这时可以利用插值的方法，由那些已知点的数据来估算未知点的数据，以方便我们掌握整个区域内的某个属性变量的整个空间分布情况，这种方法就是空间插值过程(Robinson et al., 1995)。空间插值是指通过探寻收集到的样本点数据的规律，外推到整个研究区域为面数据的方法，即根据已知区域的数据来估算其他区域的数值。空间插值方法的实质是通过已知点数据来预测未知点数据，其依据的是空间点群之间的相关性，同时在方法上要运用到数学模型和误差目标函数。空间插值的结果是通过估算其他地点的数值，从而将点数据转换为面数据，以便面数据能够用三维表面或等值线地图显示，最终进行空间分析和建模。空间插值法的一般步骤：首先获取空间样本点数据；其次分析空间样本数据的分布特性、统计特性和空间相关性等特征；然后由对数据了解的相关信息，选择最适宜的插值方法；最后对插值结果进行分析说明。

空间插值常应用于气象预测领域(林忠辉、莫兴国，2002；何红艳等，2005；封志明等，2004；刘登伟等，2012)。例如，在一个没有气温记录的地点，其气温可通过对附近气象站已记录的气温数值插值估算得到。这种方法目前已成为气象研究的热点之一，林忠辉等(2002)以全国 725 个气象站 1951—1990 年整编资料中的旬平均气温和计算得到的 675 站的月平均光合有效辐射日总量为数据源，比较分析了距离平方反比法、梯度距离平方反比法和普通克里金法 3 种方法在温度插值估算方面的实用性。

二、空间插值的元素和分类

1. 空间插值的元素

已知点又称控制点，是已经知道其数据的样本点。已知点是现实存在的点，如气象站点。空间数据插值方法的基本原理是基于空间相关性的基础上进行的，即空间位置上越靠近，则事物或现象就越相似，空间位置越远，则越相异或者越不相关，体现了事物或现象对空间位置的依赖关系。因此控制点的数目和分布对空间插值精度具有重要的影响,控制点分布越合理,数据插值的结果就会越接近现实。

2. 空间插值的类型

按照估算的控制点数目的不同,空间插值主要分为两种类型:全局插值法和局部插值法。两者主要是以估算的控制点的数目进行区分。全局插值法是利用所有已知点来估算未知点的值。局部插值法则是用未知点周围已知的样本点来估算未知点的值。全局插值法用于估算表面的总趋势,而局部插值法用于估算局部或短程变化。在许多情况下,局部插值法比全局插值法更有效,因为在对未知点进行估算,远处的点对估算的影响很小,有时甚至会使估算值失算。从计算量上看,局部插值法要比全局插值法容易得多。在实际应用中,对于以上两种方法如何进行选择,并没有统一的规律可循。如果观测点主要受到周围点的影响,则可以选择局部插值法。全局插值法主要包括趋势面插值法和回归模型分析法;局部插值法主要包括反距离加权法、薄片样条函数插值法以及克里金插值法(图3-1)。

按照是否提供预测值的误差检验,空间插值法可分为确定性插值法和随机性插值法。确定性插值法是不提供预测值的误差检验,随机性插值法则考虑提供预测值的误差检验。空间插值法还可分为精确插值法和非精确插值法。精确插值法是对某个已知点的估算值与该点已知值相同。非精确插值法,又叫近似插值,估算的点值与已知点不同。

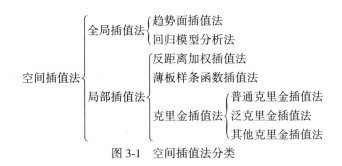

图 3-1 空间插值法分类

第二节 全局插值法

一、趋势面插值法

趋势面插值法是一种全局插值法,也是一种非精确插值方法。它先根据有限的空间已知点拟合出一个平滑的点空间分布曲面函数,再由此函数推算未知点的数值。趋势面插值法类似于回归模型的最小二乘法,利用所有已知点的观测值来估算未知点的数值。在概念上,趋势插值法类似于取一张纸将其插入各凸起点之间(凸起到一定高度)。平整的纸张无法完全覆盖包含山谷的地表。但如果将纸张略微弯曲,覆盖效果将会好得多。为数学公式添加一个项也可以达到类似的效果,即平面的弯曲。平面(纸张无弯曲)是一个一阶多项式(线性)。二阶多项式(二次)允许一次弯曲,三阶多项式(三次)允许两次弯曲,以此类推。

趋势面插值法主要分为两种类型：线性和逻辑型。线性趋势面插值法用于创建浮点型栅格，主要利用多项式回归对观测表面进行拟合，可根据拟合表面情况选择多项式阶数。逻辑型主要适用于预测空间中给定的一组位置处某种现象存在与否，其结果只是存在两种可能结果（存在或者不存在）的分类变量，可将生成的两种结果给予编码为 1 或者 0，从而创建连续的概率格网。这种形式可使用最大可能性估计直接计算出非线性概率表面模型，而无需将该模型转换成线性形式。

线性趋势面多项式可以是一阶的，也可以是高阶的。在实际应用中，通常需要更高阶的趋势面回归方程来模拟趋势面。高阶模型可用于描述复杂表面，如遇到山和谷则会用到三阶趋势面回归方程，能得到较高的拟合优度。一阶趋势面回归方程适用于一个光滑平面，二阶趋势面回归方程适用于有一处折叠的表面，三阶趋势面回归方程适用于有两处折叠的表面，以此类推。ArcGIS 中最高提供了 12 阶的趋势面模型，趋势面回归方程的阶数越高，则计算的变量越大。

趋势面插值法主要适用于以下两种情况。第一，感兴趣区域的表面在各位置间出现渐变时，可将该表面与采样点拟合，如工业区的污染情况。检查或排除长期趋势或全局趋势的影响。此类情况下，采用的方法通常为趋势面分析。第二，在趋势插值法中，将通过可描述物理过程的低阶多项式创建渐变表面，如污染情况和风向。但使用的多项式越复杂，为其赋予物理意义就越困难。此外，计算得出的表面对异常值（极高值和极低值）非常敏感，尤其是在表面的边缘处。

已知全国 181 个气象站点 2011 年的年降水量，分别采用一阶线性趋势面和四阶线性趋势面进行空间插值，以得到其他地区的年降水量，结果分别如图 3-2(a) 和图 3-2(b) 所示。对比 RMS 误差，四阶线性趋势面插值比一阶线性趋势面插值拟合度好。

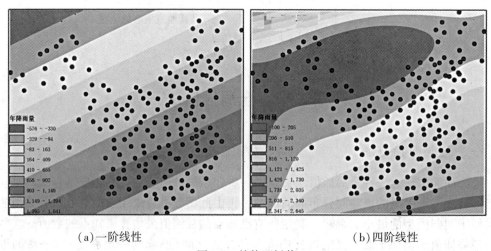

(a) 一阶线性　　　　　　　　　　　(b) 四阶线性

图 3-2　趋势面插值

☞ 习作 3-1　趋势面插值

所需数据：Meteo_stations.shp，此数据为全国 181 个气象站点 2011 年的年降水量，在 ex7 文件夹内。

（1）启动 ArcMap，添加"Meteo_stations.shp"到"Layer"，确认"Tools"菜单下"Customize"和"Extensions"中的"Geostatistical Analyst"和"Spatial Analyst"均已打钩。

（2）点击"Geostatistical Analyst"下拉菜单，指向"Explore Data"，选择"Trend Analysis"。在"Trend Analysis"对话框的底部，点击下拉菜单，选择"Meteo_stations"为输入图层，年降水量作为输入属性。

（3）将"Trend Analysis"对话框最大化。3D 图显示了两个趋势：YZ 面上，具有从北到南升高的趋势；XZ 面上，呈现出先从西到东的上升，再渐渐下降的趋势。南北向的变化比东西向的变化强烈许多，说明我国降水量格局从北往南升高。关闭对话框。

（4）在菜单栏上打开 ArcToolbox，依次选择"Spatial Analyst Tools"→"Interpolation"，双击"Trend"，打开对话框，在"Input point features"下选择"Meteo_stations"，在"Z value field"选择年降水量，在"Output raster"里选择保存路径并命名为"trend"，在"Polynomial order"输入 1 或其他（为趋势面的阶数），在"Output RMS file"选择保存路径并命名为"trend.txt"。点击"OK"。

（5）比较不同阶数趋势面插值的 RMS 文件，以确定趋势面插值的阶数。

二、回归模型分析法

回归模型通常是用线性回归法研究一个因变量和多个自变量之间的关系。这里我们主要介绍最简单的回归模型——线性回归模型。线性回归模型和统计学上的线性回归类似，把已知点作为自变量，未知点作为因变量，从而由已知点数据来预测未知点数据。线性回归模型方程：

$$y = a + b_1 x_1 + b_2 x_2 + \cdots + b_n x_n \tag{3-1}$$

式中：y 是因变量；x_i 是自变量；b_1，b_2，…，b_n 是回归系数。回归模型既可以用空间变量，也可以用属性变量进行预测。

第三节　局部插值法

局部插值法是用一组已知点样本来估算未知点，因此样本点选取至关重要。样本点的选取首先要确定已知点的个数。一般认为已知点越多，估算的结果越精确，但是更重要的是决定于已知点与未知点的分布关系、空间自相关程度以及数据质量等问题。在 ArcGIS 软件中用户可以对已知点个数进行设置。确定了已知点个数之后，就要对已知点进行选择。选择已知点的方法主要有 3 种：第一种方法是选取最邻近的已知点作为已知点；第二种方法是确定一定的半径范围进行选择；第三种方法是把平面划分为四分象限或者八分象限,然后在每个象限内选择已知点。

一、反距离加权插值法

反距离加权插值法(Inverse Distance Weighted,IDW)是以预测值区域内已知的样本点来预测区域内未知点的数值,主要方法是以未知点与样本点的距离为权重进行加权平均,离未知点越近的样本点赋予的权重越大(薛树强、杨元喜,2013;Mesnard,2013)。因此,反距离加权插值法有一个重要的特征,即所有预测值都是介于已知的最大值和最小值之间,其权重是按距离的幂次衰减。反距离加权插值法是一种比较简便的空间插值方法,其依据的理论基础正是 Tobler(1970)的"地理学第一定律":所有事物彼此相关,距离越近关系越强。

反距离加权插值法通常所用的计算公式为:

$$\hat{Z}(s_0) = \sum_i \gamma_i Z(s_i) \tag{3-2}$$

式中:$\hat{Z}(s_0)$ 为预测点 s_0 的预测值;n 为所确定的未知点周围已知点的个数;γ_i 为预测计算中各样本点的权重,其随着样本点与预测点之间的距离的增加而减少;$Z(s_i)$ 为 s_i 处的测量值。其中确定权重 γ_i 的计算公式为:

$$\gamma_i = \frac{\dfrac{1}{d_i^k}}{\sum_{i=1}^{n} \dfrac{1}{d_i^k}} \tag{3-3}$$

式中:d_i^k 是已知点到插值点之间的距离;k 为确定的幂;幂值 k 控制了已知点的影响程度。若 $k=1$,则说明点与点之间的变化率为恒定不变的,即属于线性插值的情况;若 $k \geq 2$,则意味着越靠近已知点,数值的变化率越大,远离已知点时,则趋于平稳。这说明距离的幂次越高,局部作用越强。幂参数是一个正实数,默认值为2,一般在0.5~3之间取值。随着幂值的增大,内插值将逐渐接近最近采样点的值。指定较小的幂值,将对距离较远的周围点产生更大影响,会产生更加平滑的表面。由于反距离权重公式与任何实际物理过程都不关联,因此无法确定特定幂值是否过大。作为常规准则,认为值为30的幂是超大幂,因此不建议使用。此外还需牢记一点,如果距离或幂值较大,则可能生成错误结果。

反距离加权插值法通过对邻近区域的每个采样点值平均运算获得内插单元值,它要求离散点均匀分布,并且其密集程度能够反映局部表面变化。在使用反距离加权插值法对未知点的预测过程中,不仅幂次数具有重要影响,同时对未知点周围已知点的选择也很重要,因为已知点对未知点的权重具有方向性的影响。如果周围点对预测点的影响在各个方向上相同,则可以设定圆形区域来选择已知点;如果周围点对预测点的影响存在方向性,就要设定合适区域来选择已知点。

图3-3为依据IDW插值方法得出的全国年降水量空间分布图,详细操作步骤见习作3-2。

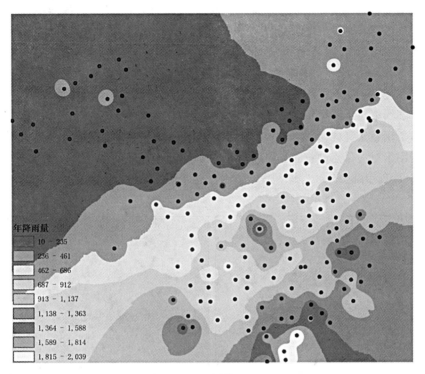

图 3-3 IDW 插值($k = 2$)

☞ **习作 3-2　反距离加权插值**

所需数据：Meteo_stations.shp，位于 ex7 文件夹内。

（1）启动 ArcMap，添加"Meteo_stations.shp"到"Layer"，确认"Tools"菜单下"Customize"和"Extensions"中的"Spatial Analyst"均已打钩。

（2）在菜单栏上打开 ArcToolbox，依次选择"Spatial Analyst Tools"→"Interpolation"，双击"IDW"，打开对话框，在"Input point features"下选择"Meteo_stations"，在"Z value field"选择"年降水量"，在"Output raster"里选择保存路径并命名为"IDW"，在"Power(optional)"处默认为 2。点击"OK"。

（3）可修改"Search radius"下的"Number of points"和"Maximum distance"，比较不同搜索半径设置下年降水量的空间分布。

二、薄板样条函数插值法(径向基函数插值法)

薄板样条函数(Thin-Plate Splines)插值法是指通过拟合得到一个曲面，且所生成的拟合曲面具有最小曲率。薄板样条函数将插值问题模拟为一个薄金属板在点约束下的弯曲变形，用简练的代数式表示变形的能量，基于点的非线性变换方法，用离散点数据插值得到曲面。此方法最适合生成平缓变化的表面，如高程、地下水位高度或污染程度。

薄板样条函数插值法在内插法的基础上增加了以下两个条件：一是表面必须恰好经过数据点；二是表面必须具有最小曲率。它确保表面平滑（连续且可微分），一阶导数表面连续。薄板样条函数有两种样条函数方法：规则样条函数方法和张力样条函数方法（Mitášová，Mitáš，1993）。规则样条函数方法使用可能位于样本数据范围之外的值来创建渐变的平滑表面；张力样条函数方法根据建模现象的特性来控制表面的硬度，它使用受样本数据范围约束更为严格的值来创建不太平滑的表面。

薄板样条函数是径向基函数中的一种，径向基函数是插值法中的一个大类。径向基函数插值法适用于对大量点数据进行插值计算从而得到平滑曲面，同时适用于平缓变化的表面，如果表面变化幅度较大，则不适合采用径向基函数插值法。

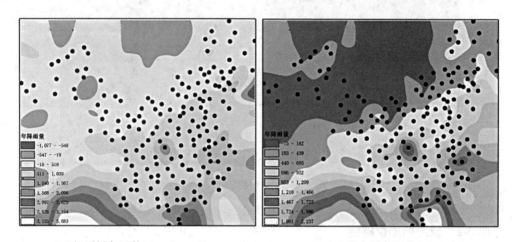

（a）规则样条函数(Regularized)　　　　　（b）张力样条函数(Tenslon)

图 3-4　薄板样条函数插值法

☞ 习作 3-3　薄板样条函数插值

所需数据：Meteo_stations.shp，位于 ex7 文件夹内。

（1）启动 ArcMap，添加"Meteo_stations.shp"到"Layer"，确认"Tools"菜单下"Customize"和"Extensions"中的"Spatial Analyst"均已打钩。

（2）在菜单栏上打开 ArcToolbox，依次选择"Spatial Analyst Tools"→"Interpolation"，双击"Spline"，打开对话框，在"Input point features"下选择"Meteo_stations"，在"Z value field"选择"年降水量"，在"Output raster"里选择保存路径并命名为"Spline_re"，在"Spline type(optional)"处选择"REGULARIZED"，其他选择默认值，点击"OK"。结果如图 3-4(a) 所示。

（3）在菜单栏上点击"Geoprocessing"→"Results"，双击"Spline"，弹出"Spline"对话框，在"Output raster"里选择保存路径并命名为"Spline_te"，在"Spline type(optional)"处选择"TENSION"，其他选择默认值，点击"OK"。结果如图 3-4(b)所示。

三、克里金插值法

反距离加权插值法和薄板样条函数插值法被称为确定性插值方法，因为这些方法直接基于周围的测量值或确定生成表面的平滑度的指定数学公式。第二类插值方法由地统计方法（如克里金插值法）组成，该方法基于包含空间自相关（即测量点之间的统计关系）的统计模型（Oliver，Webster，1990；Royle et al.，1981；李俊晓等，2013）。因此，地统计方法不仅具有产生预测表面的功能，而且能够对预测的确定性或准确性提供某种度量。

克里金插值法（Kriging）是以变异函数理论和结构分析为基础，在有限区域内对区域化变量进行无偏最优估计的一种方法，是地统计学的主要内容之一。南非矿产工程师D. R. Krige（1951）在寻找金矿时首次运用这种方法，法国著名统计学家G. Matheron随后将该方法理论化、系统化，并命名为Kriging，即克里金插值法。克里金插值法广泛地应用于地下水模拟、土壤制图等领域，是一种很有用的地统计格网化方法。

克里金插值法假定采样点之间的距离或方向可以反映用于说明表面变化的空间相关性。克里金插值法可将数学函数与指定数量的点或指定半径内的所有点进行拟合，以确定每个位置的输出值。克里金插值法是一个多步过程，它包括数据的探索性统计分析、变异函数建模和创建表面，还包括研究方差表面。它首先考虑的是空间属性在空间位置上的变异分布，确定对一个待插点值有影响的距离范围，然后用此范围内的采样点估计待插点的属性值。

由于克里金插值法可对周围的测量值进行加权，以得出未测量位置的预测，因此它与反距离加权插值法类似。这两种插值器的常用公式均由数据的加权总和组成。

在反距离加权插值法中，如公式（3-2）所示，权重γ_i仅取决于预测位置的距离。但是，使用克里金插值法时，权重不仅取决于测量点之间的距离、预测位置，还取决于基于测量点的整体空间排列。要在权重中使用空间排列，必须量化空间自相关。因此，在普通克里金插值法中，权重γ_i取决于测量点、预测位置的距离和预测位置周围的测量值之间空间关系的拟合模型。

按照空间场是否存在漂移（Drift），可将克里金插值法分为普通克里金（Ordinary Kriging）插值法和泛克里金（Universal Kriging）插值法。普通克里金插值法是最普通和广泛使用的克里金插值法，是一种默认方法。该方法假定恒定且未知的平均值，如果不能拿出科学根据进行反驳，这就是一个合理假设。泛克里金插值法假定数据中存在覆盖趋势，例如，可以通过确定性函数（多项式）建模的盛行风。该多项式会从原始测量点扣除，自相关会通过随机误差建模。通过随机误差拟合模型后，在进行预测前，多项式会被添加回归预测以得出有意义的结果。一般而言，确定数据中存在某种趋势并能够提供科学判断描述泛克里金插值法时，才可使用该方法。

1. 普通克里金插值法

假设不存在漂移，普通克里金插值法则重点考虑空间相关的因素，并用拟合的半变异直接进行插值。估算某测量点z值所用到的权重γ_i不仅与估算点和已知点之间的半变异有关，还与已知点之间的半变异有关。因此，克里金插值法是与反距离加权插值法有区别的,后者只用已知点和估算点估算权重。克里金插值法和其他局部拟合法的另一重要区别是,克里金插值法对每个估算点都进行变异量算,用于说明估算值的可靠性。

☞ 习作 3-4　普通克里金插值

所需数据：Meteo_stations.shp,province.shp,位于文件夹 ex7 内。

(1)启动 ArcMap,添加"Meteo_stations.shp"和"province.shp"到"Layer",确认"Tools"菜单下"Customize"和"Extensions"中的"Spatial Analyst"均已打钩。

(2)首先,对半变异云图作数据探查。点击"Geostatistical Analyst"下拉菜单,点击"Explore Data",选择"Semivariogram/Covariance Cloud"。选择"Meteo_stations"为图层,年降水量为其属性。"Lag Size"为 500000m,"Number of Lags"为 10,观察半变异云图中所有的控制点对。用鼠标拖曳云图最右边某个点周围的一个矩形框,查看"ArcMap"窗口中的"Meteo_stations"。高亮显示的控制点对是由该图层中相距最远的两个控制点组成。半变异云图显示了空间相关数据的分布模式：随着距离增大,半变异迅速上升,直至 375000m,而后缓慢下降。

(3)为观察半变异的方向效应,选中复选框"Show search direction",可以输入角度方向或用图中的方向控制按钮,改变搜索方向。拖拽方向控制按钮,按逆时针方向从 0°~180°拉动方向控制按钮,在不同的特定角度上停止拖动,观察半变异云图。我们发现从正北 0°到正东 90°半变异下降,从正东 90°到西南 210°半变异增加,说明半变异具有方向效应。关闭"Semivariogram/Covariance Cloud"窗口,清除已选择的要素。

(4)经过统计检验,气象站点的年降水量与高程显著相关,为了能考虑高程的因素,选择协同克里金插值法。从"Geostatistical Analyst"菜单中选择"Geostatistical Wizard"。在方法框中点击"Kriging/CoKriging",在"Dataset"栏下选择"Meteo_stations"和年降水量作为输入数据和属性数据。在"Dataset 2"栏下选择"Meteo_stations"和海拔高度作为输入数据和属性数据。点击"Next"。

(5)由经验可知我国的降水量由东南往西北递减,选择"Ordinary/Prediction",在"Order of trend removal"中选择"First",以剔除降水分布的趋势分布(一次),点击"Next"。

(6)在"Step 3"面板中,显示了年降水量分布的趋势(一次趋势面),点击"Next"。

(7)在"Step 4"面板中,将"Number of Lags"修改为"24",点击"Next"。

(8)在"Step 5"面板中,将"Sector type"修改为"4 Sectors",点击"Next"。

(9)"Step 6"的面板显示了交叉验证的结果。图表框提供了 4 种类型的散点图(预测值与测量值、误差与测量值、标准差与测量值、标准差对正常值的 QQ 图)。"Prediction Errors"框列出了包括 RMS(均方根误差)在内的交叉验证统计值。其中,插值误差为 0.78,RMS 为 165.01,平均标准误差为 157.10,标准 RMS 为 1.05。点击"Finish"完成插值。

(10)CoKriging 图层自动加载进来,双击打开"Layer Properties",点击"Extent"选项卡,将"Set the extent to"设置为"the rectangular extent of province",点击"确定"。

2. 泛克里金插值法

泛克里金插值法是假设除了样本点之间的空间相关性外，空间变量的 z 值还受到漂移或倾向等影响。一般而言，泛克里金插值法通常用到一阶（平面曲面）或二阶（二维曲面）多项式。通常不用高阶多项式的原因有两个：一是高阶多项式在残差中会留下少量变异，造成结果不确定性；二是高阶多项式意味着待估算的系数很多，导致方程求解复杂。

☞ **习作 3-5　泛克里金插值**

所需数据：Meteo_stations.shp，province.shp，位于文件夹 ex7 内。

（1）启动 ArcMap，添加"Meteo_stations.shp"和"province.shp"到"Layer"，确认"Tools"菜单下"Customize"和"Extensions"中的"Spatial Analyst"均已打钩。

（2）点击"Geostatistical Analyst"下拉菜单，选择"Geostatistical Wizard"。在"Methods"面板中点击"Kriging/CoKriging"，选择"Meteo_stations"为图层，"年降水量"为其属性。点击"Next"。

（3）在"Step 2"面板中，在"Kriging Type"面板下选择"Universal"，在"Output Surface Type"面板下选择"Prediction"，在"Order of trend removal"下拉菜单中选择"First"，点击"Next"。

（4）在"Step 3"面板中，显示的是从克里金插值法过程中移除的一阶趋势。点击"Next"。

（5）在"Step 4"面板中，将"Number of Lags"设置为 8，在"Model #1"的"Type"选项下选择"Spherical"，在"Anisotropy"选项下选择"True"（总体而言，球状模型的交叉验证统计效果最佳）。点击"Next"。

（6）在"Step 5"面板中，邻域数目和采样方法采用默认设置。点击"Next"。

（7）在"Step 6"面板中，将显示交叉验证结果。RMS 的值比习作 3-4 的普通克里金插值法的值大，但是标准 RMS 值较小，表明相对于普通克里金插值法而言，用泛克里金插值法估算的标准误差的可靠性低。点击"Finish"完成插值。在输出图层信息对话框中点击"OK"。

（8）Universal Kriging Prediction Map 是由泛克里金插值法生成的插值地图。要生成预测标准误差地图，需在"Step 1"面板中点击"Universal Kriging/Prediction Standard Error Map"，并重复步骤（3）~（7）。

第四节　空间插值方法的比较

GIS 软件包（如 ArcGIS）提供了许多空间插值方法，基于相同的数据，不同的插值方法将生成不同的插值结果。表 3-1 列出了以上空间插值方法的优点和缺点。

表 3-1　　　　　　　　　　　不同空间插值方法的优缺点对比

插值方法		优点	缺点
全局插值法	趋势面插值法	极易理解，计算简便，多数空间数据都可以用低次多项式模拟	在空间降水模拟方面的精度不高
	回归模型分析法	估算的降水量不依赖于估算点周围区域气象站的密集程度，可以直接根据地形参数求出降水量	较难找到合适的回归变量，对于数据的要求高
局部插值法	反距离加权插值法	可以通过权重调整空间插值等值线的结构	没有考虑地形因素（如高程等）对降水的影响
	薄板样条函数插值法	该方法相对比较稳健，并且不怎么依赖潜在的统计模型	不能提供误差估计，并要求研究区域是规则的
	克里金插值法	不仅考虑了各已知数据点的空间相关性，而且在给出待估计点的数值的同时，还能给出表示估计精度的方差	普通克里金插值法不能考虑地形因素（如高程等）等的影响，而泛克里金插值法、协同克里金插值法等可以将高程因素考虑进去，取得较好的插值效果

交叉验证是进行插值方法比较时常用的统计技术（Phillips et al., 1992; Carrol, Cressie, 1996; Zimmerman et al., 1999; Lloyd, 2005; 刘登伟等, 2012; 李新等, 2003）。一些研究已经指出所生成曲面的视觉质量十分重要。例如，曲面应保持空间格局的清晰性、视觉舒适性和准确性（Laslett, 1994; Declercq, 1996; Yang, Hodler, 2000）。交叉验证中两个常用的诊断统计值为均方根（RMS）和标准均方根。所有的精确局部插值法都可以用均方根进行交叉验证，但是标准均方根只适用于克里金插值法。一般而言，插值方法效果越好，RMS 值越小；较好的克里金插值法，其均方差较小，且标准均方根接近于 1。

第五节　案例：全国空气质量专题图

一、实验目标

（1）掌握全局插值的实验步骤（步骤 1 到步骤 4）；
（2）掌握局部插值的实验步骤（步骤 5 到步骤 8）；
（3）比较各种不同空间插值算法的生成效果，并生成全国空气质量专题图（步骤 9）。

二、实验数据（数据位于 ex8 文件夹内）

cities.shp——点文件，全国各城市中心矢量图，包括 CityID（城市行政代码）、province（省份名称）、cityname（城市名称）等属性；

chinabr——栅格文件，显示中国国界的范围，值为 1；

AQI.xlsx——点文件，全国各城市关于空气质量等属性：name 表示城市名称，AQI 表示空气质量指数（Air Quality Index，其值越小代表空气质量越优，反之亦然），CityID 表示各城市行政代码，AQI_level 表示空气质量级别，Pollution 表示首要污染物。

三、实验步骤

1. 数据加载

在 ArcMap 中新建一个地图文档，单击菜单栏"标准工具条"中的"Add Data"，弹出对话框，点击"连接至文件夹"，选择需要加载数据的路径，并添加"cities.shp、AQI.xlsx"，并将数据帧"Layers"重命名为"Task1"。确认"Customize"→"Extensions"下的"Geostatistical Analyst"和"Spatial Analyst"扩展模块都被勾选上。

2. 数据连接

（1）右击"cities.shp"，选择"Joins and Relates"→"Join…"，打开"Join Data"对话框，在第一栏和第三栏选择"CityID"（因为 CityID 为 cities.shp 属性表和 AQI.xlsx 表格连接的公用字段），在"Join Options"选择"Keep only matching records"，设置如图 3-5 所示，点击"OK"。右击"cities.shp"，选择"Open Attribute Table"，可以看到属性表多了 AQI、AQI_level、Pollution 等字段。

（2）在"Table Options"下拉栏中选择"Add Field"，在对话框的"name"处输入"AQI"，在"Type"处选择"Short Integer"，点击"OK"（图 3-6）。在"Editor"工具条下拉栏下选择"Start Editing"，确认待编辑的图层为"cities"。回到属性表，点击新建的以 AQI 为表头的那一列，选择"Field Calculator"，在对话框中选择"Sheet1 $. AQI"，并双击，表达式变为"cities.AQI = [Sheet1 $. AQI]"，如图 3-7 所示，点击"OK"。在"Editor"工具条下拉栏下选择"save edits"，然后选择"stop editing"。

3. 数据探查

（1）点击"Geostatistical Analyst"下拉菜单，指向"Explore Data"，选择"Trend Analysis"。在"Trend Analysis"对话框的底部，选择"cities"为输入图层，cities.AQI 作为输入属性，如图 3-8 所示。

（2）将"Trend Analysis"对话框最大化。3D 图显示了两个趋势：YZ 面上，一个为从北到南降低的趋势；XZ 面上，呈现出先从西到东降低，再略微上升的趋势。东西向的变化比南北向的变化强烈许多，说明中国空气污染情况从西向东先降低然后上升。关闭对话框。

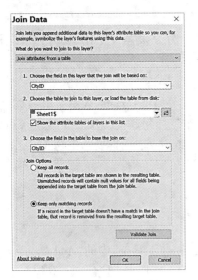
图 3-5 "Join Data"对话框

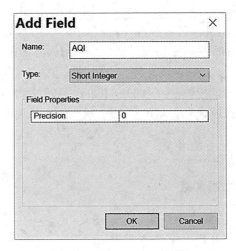
图 3-6 "Add Field"对话框

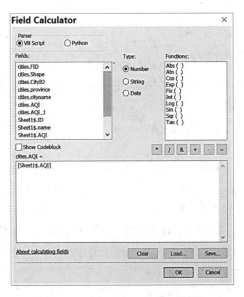
图 3-7 "Field Calculator"对话框

4. 全局插值法

这里的全局插值法主要指趋势面插值。

（1）点击"Geostatistical Analysis"下拉菜单，选择"Geostatistical Wizard"。在打开的对话框中，在"Methods"栏中，点击"Global Polynomial Interpolation"（整体多项式插值），在"Input Data"栏中，选择"cities"为"Source Dataset"，选择"cities.AQI"为"Data Field"，如图 3-9 所示。

第五节　案例：全国空气质量专题图

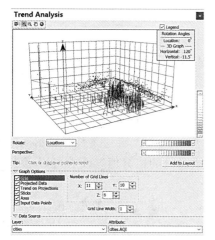

图 3-8　"Trend Analysis"对话框

图 3-9　"Geostatistical Wizard"对话框

（2）点击 Next，选择趋势面模型的幂。幂的列表中提供了 1～10 选项，从中选择 1，点击"Next"。下一个面板显示与观测值对应的预测值及其误差的散点图，以及一阶趋势面模型相关的统计值。均方根（RMS）表征趋势面模型的拟合程度。本例中均方根为 32.86。点击"Back"，将幂变为 2，则均方根为 32.42。改变幂的取值，重复以上操作。选取均方根最小的趋势面模型。对于 cities. AQI 属性，最好趋势面模型的幂为 3（均方根为 28.81）。因此，将幂变为 3，点击"Finish"，在"Method Report"对话框中点击"OK"。Global Polynomial Interpolation Prediction Map 是地统计分析生成的地图，地图范围与 cities 一致，如图 3-10 所示。

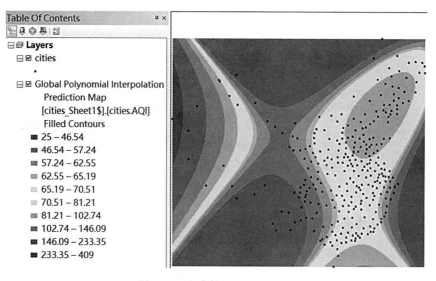

图 3-10　生成的 Prediction Map

5. 局部插值法之反距离加权插值法(IDW)

(1)在菜单栏上点击"Insert"→"Data Frame"(数据帧),命名为"Task2",加载数据"cities.shp"。点击"Geostatistical Analyst"下拉菜单,选择"Geostatistical Wizard"。在"Methods"框中选择"Inverse Distance Weighting",在"Input Data"框中选择"cities"为"Source Dataset",选择"AQI"为"Data Field",点击"Next"。

(2)面板中包括一个圆形框和一个方法框,用于设定IDW的参数。IDW法默认值用的幂为2,有15个邻近点(控制点)以及用于选择控制点的圆形区域。圆形框显示cities、控制点及其权重(用百分比和颜色显示),用于导出测试点位的估算值。读者可以点击圆形框内任意一点,分析如何得到点的估算值。

(3)在面板中"Power"输入值旁有"The Optimize Power Value"(优化幂值)按钮。因为幂的改变直接影响到估算值,点击该按钮,在不改变其他参数设定的情况下,"Geostatistical Wizard"采用交叉验证法来寻找最佳的幂。幂字段处显示的值为2.95,点击"Next"。

(4)该面板显示交叉验证结果,此处RMS统计值为24.69。点击"Finish",在跳出来的"Method Report"对话框中点击"OK"。生成的Inverse Distance Weighting Prediction Map如图3-11所示。

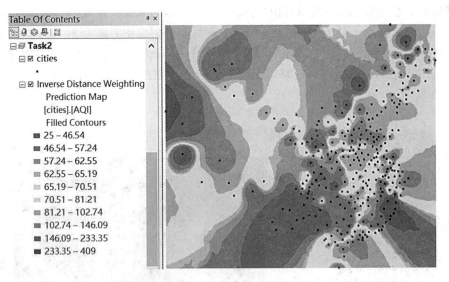

图3-11　按照IDW生成的Prediction Map

6. 局部插值法之薄板样条函数插值法

(1)在菜单栏上点击"Insert"→"Data Frame"(数据帧),命名为"Task3",加载数据"cities.shp"。点击"Geostatistical Analyst"下拉菜单,选择"Geostatistical Wizard"。在"Methods"框中选择"Radial Basis Functions",在"Input Data"框中选择"cities"为"Source

Dataset",选择"AQI"为"Data Field",点击"Next"。

(2)"Step2"面板中,在"Kernel Function"中选择"Completely Regularized Spline"(完全规则样条),点击"Next"。

(3)"Step3"面板显示与观测值对应的预测值及其误差的散点图,以及相关的统计值。均方根为25.77。点击"Finish",在跳出来的"Method Report"对话框中点击"OK"。生成的Radial Basis Functions Prediction Map 如图3-12所示。

(4)点击"Geostatistical Analyst"下拉菜单,选择"Geostatistical Wizard"。在"Methods"框中选择"Radial Basis Functions",在"Input Data"框中选择"cities"为"Source Dataset",选择"AQI"为"Data Field",点击"Next"。

(5)"Step2"面板中,在"Kernel Function"中选择"Spline with Tension"(张力样条),点击"Next"。在"Step3"面板中,其均方根为25.75。点击"Finish",生成Radial Basis Functions_2 Prediction Map。

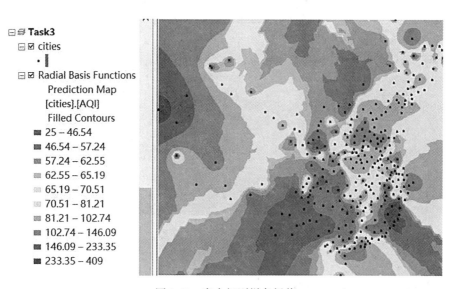

图3-12 完全规则样条插值

7. 局部插值法之普通克里金插值法

(1)在菜单栏上点击"Insert"→"Data Frame"(数据帧),命名为"Task4",加载数据"cities.shp"。点击"Geostatistical Analyst"下拉菜单,选择"Geostatistical Wizard"。在"Methods"框中选择"Kriging/CoKriging",在"Input Data"框中选择"cities"为"Source Dataset",选择"AQI"为"Data Field",点击"Next"。

(2)在"Step2"面板中,在"Kriging Type"一栏选择"Ordinary",在"Output Surface Type"一栏选择"Prediction",点击"Next"。

(3)"Step3"面板显示了半变异/协方差图。在"Model#1"一栏中将"Type"更改为"Exponential"(指数函数),"Optimize model"旁边有"Optimize entire model"(优化整个模

型)按钮,模型参数的设置直接影响到半变异/协方差图的拟合度。点击该按钮,在跳出的"Optimize variogram"对话框中点击"确定"。点击"Next"。

(4)"Step4"面板显示的是选择邻近点的数目(控制点)以及采样方法的操作。最后,点击"Next"。"Step5"面板显示了交叉验证的结果。图表框提供了4种类型的散点图(预测值与测量值、误差与测量值、标准差与测量值、标准差对正常值的QQ图)。"Prediction Errors"框列出了包括RMS在内的交叉验证统计值。其均方根为25.13。点击"Finish",点击"Method Report"对话框的"OK"。生成的Kriging Prediction Map如图3-13所示。

(5)重复上述步骤,在"Step3"面板"Model#1"一栏中将"Type"依次更改为"Spherical"(球体函数)、"Gaussian"(高斯函数),分析交叉验证统计值的效果是否比指数模型更好。

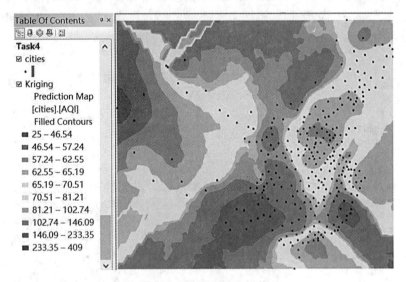

图 3-13 普通克里金插值

8. 局部插值法之泛克里金插值法

(1)在菜单栏上点击"Insert"→"Data Frame"(数据帧),命名为"Task5",加载数据"cities.shp"。点击"Geostatistical Analyst"下拉菜单,选择"Geostatistical Wizard"。在"Methods"框中选择"Kriging/CoKriging",在"Input Data"框中选择"cities"为"Source Dataset",选择"AQI"为"Data Field",点击"Next"。

(2)在"Step2"面板中,在"Kriging Type"一栏选择"Universal",在"Output Surface Type"一栏选择"Prediction",从"Order of Trend"下拉菜单中选择"First",点击"Next"。

(3)"Step3"面板显示将从克里金插值法过程中移除的一阶趋势,点击"Next"。

(4)在"Step4"面板中,"Model#1"一栏中将"Type"改为"Spherical"(球类模型)(对比交叉验证结果,总体而言球类模型效果最佳),点击"Optimize entire model"按钮,点击"Next"。

(5)在"Step5"面板中,邻域数目和采样方法采用默认设置,点击"Next"。

(6)"Step6"面板将显示交叉验证结果。此处均方根为24.77,比普通克里金插值法要低,说明对于该组数据,泛克里金插值法可靠性要高。点击"Finish",选择"Method Report"对话框中的"OK"。生成的 Kriging Prediction Map 如图3-14所示。

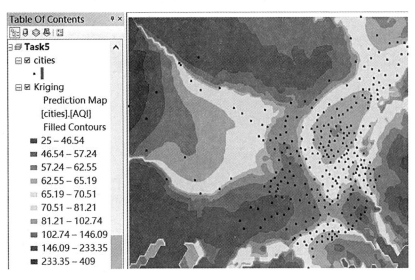

图 3-14 泛克里金插值

9. 不同插值方法的效果对比

对比以上不同插值方法所得到的均方根,均方根越小,其插值效果越佳。对于该组数据,IDW最为适合,这与数据的特征具有很大关系。一般而言,对于数据分布均匀的区域,IDW插值效果好;缺点是在数据分布不均区域,插值容易出现小的封闭等值线("球状突起"),以及因数据缺乏而产生的不规则等值线。泛克里金的插值效果也较佳,与IDW不同,克里金插值考虑了空间相关性问题,其首先将每两个点进行配对,这样产生一个以两点之间距离为自变量的函数。该方法在数据点多时,内插结果的可信度较高。最后,根据交叉验证结果,采用IDW插值方法生成全国空气质量专题图,步骤如下。

(1)右击"Task2"数据框,选择"Activate",加载栅格数据"chinarb",然后双击"Inverse Distance Weighting Prediction Map"图层,点击"Extent"选项,将"Set the extent to"设置为"the rectangular extent of chinarb",点击"确定"。

(2)要对 Inverse Distance Weighting Prediction Map 进行切割,使其范围与国界一致。首先将地统计数据集转换成栅格。右击"Inverse Distance Weighting Prediction Map",指向"Data",选择"Export to Raster"。在对话框中,输入"1000(m)"作为像元大小,并将栅格命名为"IDW",点击"OK",导出数据集。并将其加载到"Task2"中。

(3)打开ArcToolbox,双击"Spatial Analyst Tools"→"Extraction"→"Extract by Mask"工具。在接下来的对话框中选择"IDW"作为输入栅格(Input raster),"chinabr"为输入掩膜数

据(Input raster or feature mask data),"IDW_boun"为输出栅格,即为被切割过的IDW。点击"OK"。

(4)双击"IDW_boun"图层,点击"Symbology"选项,在左边方形框点击"Classified",将"Classes"修改为8,修改"Color Ramp",点击"确定",导出的全国空气质量专题图。

第四章　GIS 在城市空间可达性中的应用

GIS 路径分析分为基于矢量节点和基于耗费距离栅格两种（Deo，Pang，1984；刘瑜等，2004）。最小耗费路径分析是基于栅格数据来确定像元间的最小耗费路径，网络分析是基于矢量数据并已建立拓扑关系的网络。两者均可用于最短路径分析，将两者放在同一章讲述，比较栅格数据和矢量数据在 GIS 空间分析应用中的区别。相对于网络分析，最小耗费路径分析方法具有数据结构简单，无需建立复杂的拓扑关系和进行复杂的拓扑运算，处理速度快等特点。尤其是遥感数据通常以栅格数据存储，在进行最小耗费路径分析时不需要进行数据格式的转换（刘学锋等，2004）。

最小耗费路径分析是基于栅格的，关注面较窄。用耗费栅格定义通过每个像元所需的耗费（即成本），最小耗费路径分析能找到像元间的最小累积耗费路径。最小耗费路径分析常作为一种分析工具，用于确定在道路、管线、运河等建设中耗费最低或环境影响最小的路径（Chang，陈健飞，2016）。

网络是 GIS 中一类独特的数据实体，它由若干线性实体通过节点连接而成。网络分析一直是 GIS 空间分析的重要内容，它依据网络拓扑关系，并通过考察网络元素的空间、属性数据，对网络的性能特征进行多方面的分析计算。由于近年来普遍使用 GIS 管理大型网状设施，如城市中的各类地下管线、交通线、通信线路等，对网络分析功能的需求也在迅速发展中（吴信才，2014）。

第一节　地理网络分析

人、物、信息的运动、传递往往借助网络状设施而得以实现，网络状设施一般分为市政公用设施、交通设施两大类。市政公用设施主要包括电力、通信、给水、雨水、污水、燃气等，一般由输送管线、交换站、转换站（如变电站、交换机、调压站、水泵）、开关、阀门、用户（包括排放口）、生产源（如电厂、变电站、水厂、污水处理厂、集水口）组成网络（宋小冬等，2010）。交通系统是大家最熟悉的网络，包括铁路、公共交通、自行车线路、河流等，由交通站点和交通线路组成。

地理网络是空间上相互连接及相互作用的线状对象的基本结构形式，如交通网络、河流水系、地下管网、通信及电力网络等。地理网络是区域人口、物质、能源和信息流动的载体，大至南水北调、北煤南运、西电东送等国家级的物质能源调动需求，小至人们生活的方方面面，无不与地理网络休戚相关（周成虎、裴韬，2011）。地理网络是形成客观世界和人文社会的基本骨架，也是联系客观世界和人文社会的基本纽带。

一、图论概述

图论是地理网络表达与分析的重要数学工具。图论最早起源于一些经典的数学游戏，如哥尼斯堡七桥问题、四色问题等。图论中的"图"，并不是通常意义下的几何图形或物体的形状图，是由若干给定的点及连接两点的线所构成的图形。这种图形通常用来描述某些事物之间的某种特定关系，用点代表事物，用连接两点的线表示相应两个事物间具有这种关系。一些由节点及边构成的图称为线图。在线图中，节点的位置分布和边的长短曲直都可以任意描画，这并不改变实际问题的性质。我们关心的是它有多少个节点，在哪些节点间有边相连，以及整个线图具有的某些特性。

网络通常用图（Graph）的概念来表达，图可以定义为 $G = (V, E)$，其中，集合 V 中的元素称为图 G 的顶点或节点，而集合 E 中的元素称为图 G 的边或线。直观地讲，画 n 个点，把其中的一些点用曲线或直线段连接起来，不考虑点的位置与连线的长短，这样所形成的点与线的关系结构就是一个图。若图上的边有方向，则称为有向图，边没有方向的图称为无向图，既有有向边又有无向边的图称为混合图，如图 4-1(a)、(b)、(c) 所示。

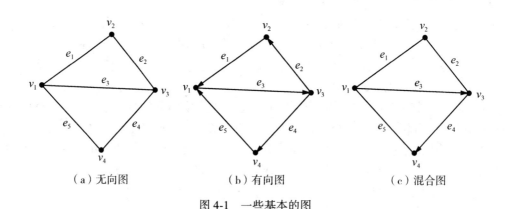

(a) 无向图　　　　　(b) 有向图　　　　　(c) 混合图

图 4-1　一些基本的图

二、地理网络组成要素

网络是由若干线性实体互相连接而成的一个系统，资源经由网络来传输，实体间的联络也经由网络来传达。网络数据模型是现实世界中网络系统（如交通网、通信网、自来水管网、煤气管网等）的抽象表示。现实世界中，地理网络要素包括线状设施和点状设施。线状设施的空间分布形成了地理网络的基本结构，并产生了网络的边和节点；点状设施依附于线状设施之上，虽然点状设施不一定就是网络中的节点。根据实际应用需求，构成地理网络的基本要素包括以下6个方面。

1. 网络边及属性

地理网络中的边是现实世界中各种线路的抽象，是网络中资源流动的路线，可以代表道路、街道、河流、输电线、输水管等。网络边包括几何信息和属性信息，属性信息包括边的阻碍强度(阻碍强度通常可换算为资源流动的时间、速度等)以及边的资源需求量(如学生人数、水流量等)。

2. 网络节点及属性

网络节点是地理网络中边与边之间的连接点,位于网络边的两端。网络节点也可以表示道路的交叉口等,网络节点的属性存储在节点属性表中。

3. 站点及属性

站点是地理网络中收集或卸下资源的节点位置,如公共汽车站、码头、商店等。站点是具有指定属性的网络要素,在最优路径分析和资源分配中都要用到站点的属性。站点的属性主要有两种:一种是站点的阻碍强度,它代表与站点有关的费用或阻碍,如在某个车站上下车所用的时间等;另一种是站点的资源需求量,它表示资源在站点上增加或减少的数量,如学生数、乘客数等。站点的需求量为正数时,表示在该站上收集资源;反之,表示在该站上卸下资源。

4. 中心及属性

中心是地理网络中具有一定的容量、能够从网络边上获取资源或散发资源的节点所在的位置。例如,上学时学生沿着不同的路径聚集到学校,放学后又各自离开学校回家,因此学校是一个学生上学路线网络的中心。中心的属性包括资源容量和阻碍限度。资源容量是指从其他中心可以流向该中心或从该中心可以流向其他中心的资源总量。资源容量从某种意义上决定了分配给该中心的网络边数。分配给一个中心的所有网络边的资源需求量之和不能超过这个中心的资源容量。中心的阻碍限度是指中心与沿某一路径分配给它的所有网络边之间所允许的总的阻碍程度的最大值。资源沿某一路径分配给一个中心或由该中心分配出去的过程中,在各条网络边上以及各转向(见下段)处所受到的总阻碍不能超过该中心所能承受的阻碍限度,否则资源将难以从目的地到达中心或从中心到达目的地。

5. 转向及属性

转向是指网络中资源在节点处可能发生的方向变化。与网络的其他元素不同,转向表示网络链之间的关系,而不是现实世界实体的抽象。转向的主要属性是转向的阻碍强度,它表示在一个节点处资源流向某一网络边所需的时间或费用。从理论上讲,资源在一个节点上可能的转向数目等于该节点所连接网络边数目的平方。例如,一个节点与 2 条网络边相连,在该节点处就可能有 4 个转向;若 3 条网络边相交于一个节点,该节点就可能有 9 个转向。

6. 拓扑关系

拓扑是研究几何对象在弯曲或拉伸等变换下仍保持不变的性质。例如,各铁路站点位于铁路线路上。拓扑关系是保证 GIS 空间分析结果正确的重要基础,它确保了数据质量和完整性。例如,拓扑关系可用于发现未正确闭合的线。假如在连续的道路上存在一个缝隙，最短路径分析会选择迂回路径而避开缝隙。同样地，拓扑可保证有共同边界的县域和人口普查区没有缝隙或重叠。拓扑规则定义了要素之间允许的空间关系，如不能重叠、具有共享边、端点处连接等，在 ArcGIS 中可通过定义拓扑规则来进行拓扑检查。

☞ **习作 4-1　创建网络数据集（Chang，陈健飞，2014）**

所需数据：moscowst. shp，为爱达荷州莫斯科市道路网络线；select_turns. dbf，dBASE 文件，列有 moscowst. shp 中选取的转弯。数据均位于 ex9 文件夹内。

（1）启动 ArcMap，添加"moscowst. shp""select_turns. dbf"到"Layer"，右击图层"moscowst. shp"，选择"Open Attribute Table"，可以看到该图层有如下重要属性："Minutes"表示行驶时间，以分为单位；"Oneway"代表单行道（T 表示为真，F 表示为假）；Name 表示街道名称，Meters 表示每条街道的实际长度，以米为单位。

（2）右击转弯表"select_turns. dbf"，点击"Open"，可以看到该表格有如下重要属性："Angle"表示转弯角；ARC1_ID 为该转弯的第一个弧段；ARC2_ID 为该转弯的第二个弧段；Minutes 为以分为单位的转弯阻抗。

（3）将转弯表格里的信息转换为空间数据集。在菜单栏上点击 ArcToolbox，依次选择"Network Analyst Tool"→"Turn Feature Class"，双击"Turn Table to Turn Feature Class"，打开对话框，在"Input Turn Table"选择"select_turns"，在"Reference Line Features"选择"moscowst. shp"，将"Output Turn Feature Class Name"命名为"turns"，点击"OK"。

（4）点击菜单栏上的"Catalog"，右击目标文件夹，选择"New"→"Personal Geodatabase"，将名称改为"Network. mdb"，右击"Network. mdb"，选择"New"→"Feature Dataset"，在"Name"框内输入"streetnetwork"，点击"下一步"，选择"Layers"，点击"下一步"，点击"Finish"。右击"streetnetwork"，点击"Import"→"Feature Class（multiple）"，在"Input Features"选择"turns"和"moscowst"两个图层，点击"OK"。

（5）点击菜单栏上的"Catalog"，右击"streetnetwork"数据集，选择"New"→"Network Dataset"，把默认的名称作为网络数据集的名称，点击"下一步"，选择"moscowst"加入到网络数据集中，点击"下一步"，检查 turns 前的复选框已打钩，采用默认的连接设置，进入下一步，选择"None to model the elevation of your network features"，确认"Minutes"和"Oneway"是数据库的默认属性，点击"Yes"，建立网络数据集的行车方向。在查看概要信息后，单击"Finish"。单击"Yes"，创建网络，单击"No"加载"streetnetwork_ND"到地图。注意，streetnetwork_ND 是一个网络数据集，streetnetwork_ND_Junctions 是一个节点要素类。

三、地理网络分析

带有适当属性的地理网络可应用在许多方面，如旅行商问题、中国邮路问题、选址问题等。本节主要讲解地理网络应用中的最短路径分析、资源分配及配置问题。

1. 最短路径分析

最短路径分析是网络分析最基本、最关键的功能之一(李元臣、刘维群,2004)。最短路径不仅指一般意义上的距离最短,诸如时间、费用都可被引申为最短路径。相应地,最短路径问题就成为最快路径问题、最低费用问题等。救护车需要了解从医院到病人家里走哪条路最快,旅客需要在众多航线中找到费用最小的中转方案,这些都是最佳路径求解的例子。从网络模型的角度看,最佳路径求解就是在指定网络中两个节点间找一条阻碍强度最小的路径。最佳路径的产生基于网线和节点转弯的阻碍强度。例如,如果要找最快路径,阻碍强度要预先设定为通过网线或在节点处转弯所花费的时间;如果要找费用最小的路径,阻碍强度就应该是费用。当网线在顺、逆两个方向上的阻碍强度都是该网线的长度,而节点无转角数据或转角数据都是零时,最佳路径就成为最短路径。

最短路径分析需要计算网络中从起点到终点所有可能的路径,从中选择一条到起点距离最短的路径。用于最短路径分析的算法很多,一般以 Dijkstra 算法最为普遍(Dijkstra,1959)。

☞ **习作 4-2　最短路径分析**

所需数据:railway.shp,包括了全国铁路线路的线文件;railstations.shp,包括了全国各铁路站点的点文件。两个文件均是以 Krasovsky_1940_Albers 为投影坐标系,单位是米。数据位于 ex10 文件夹内。

本习作的目标是在 railstations 中找出全国铁路路网上任意两个铁路站点间的最短路径。最短路径是由通行时间的链路阻抗定义的,计算通行时间的速度限制是 100km/h。求解从上海从三亚的最短路径。

(1)启动 ArcMap,添加"railway.shp""railstations.shp"到"Layer",右击图层"railway.shp",选择"Open Attribute Table",可以看到该图层有如下重要属性:Name 为各铁路路线的名称;Meters 表示每个线段的自然长度,以米为单位;Minutes 表示每个线路的同行时间,以分为单位。同样查看 railstations 的属性表,Name 为各铁路站点的名称。

(2)在菜单栏上选择"Customize"→"Extensions",确保"Network Analyst"被选中。同时,从"Customize"菜单下选择"Toolbars"工具,确保"Network Analyst"已勾选。

(3)点击菜单栏上的"Catalog",在"railway.shp"文件上右击,并选择"New Network Dataset"。在"Network Dataset"对话框中,把系统默认的名称"railway_ND"作为网络数据集的名称。对于"model turns in this network"选择"No",点击"下一步",点击"Connectivity"按钮。"Connectivity"对话框显示"railway"为源数据,终点用于连接,1作为连接组,单击"OK",关闭"Connectivity"对话框。点击"下一步",选择"None"。下一个窗口显示的"Meters"和"Minutes"作为网络数据集的属性。点击"下一步",选择"Yes"来设置行驶方向,并单击"Directions"按钮。"Network Directions

Properties"对话框表明了显示的长度单位是Miles，长度属性单位是Meters，时间属性单位是Minutes。在railway.shp文件中的Name是街道名称字段。读者可以点击"Display Length Units"右边的"Miles"，并在下拉框中选择"Meters"，点击"确定"，退出"Network Directions Properties"对话框。点击"下一步"，窗口将会显示网络数据集的总结信息，单击"Finish"。单击"Yes"来创建网络。单击"Yes"添加"railway_ND"及其要素类加载进ArcMap。注意，railway_ND是一个网络数据集，railway_ND_Junctions.shp是一个道路节点要素类。

（4）从菜单栏中选择"Selection"→"Select By Attributes"，在打开的对话框中，确认railstations是所选图层，输入下列表达式选中上海北站和三亚站："name" = "上海北站" OR "name" = "三亚站"。

（5）"Network Analyst"工具条在"Network Dataset"框中应显示"railway_ND"，在"Network Analyst"的下拉菜单中选择"New Route"，一个新的路径分析图层Route也被加载到了ArcMap。

（6）这一步是把上海北站和三亚站作为最短路径分析的站点加载进来，注意，站点必须是位于网络上的。分别放大上海北站和三亚站，单击"Network Analyst"工具条上的"Create Network Location"工具，在和上海北站邻接的铁路线上单击一下，该点会以符号"1"显示。如果该点不在网络上，符号旁边会有问号出现。在这种情况下，读者可以使用"Select/Move Network Locations"工具把该点移到网络上。按照同样的步骤，在网络上定位三亚站。在"Network Analyst"工具条上单击"Solve"按钮，求出两个站点间的最短路径。

（7）最短路径出现在地图中。在"Network Analyst"工具条上单击"Directions window"。"Directions"窗口显示了以米为单位的行驶距离、行驶时间以及从上海北站到三亚站的最短路径的详细行驶方向。请读者写出总的行驶距离及行驶时间。

2. 资源分配

资源分配是为网络中的网线和节点寻找最近的中心（资源发散或汇集地）。此分析首先计算选定地点到所有备选设施的最短路径，然后从备选设施中选择最近设施。例如，资源分配能为城市中每条街道上的学生确定最近的学校，为水库确定其供水区等。资源分配模拟资源是如何在中心（学校、消防站、水库等）和它周围的网线（街道、水路等）及节点（交叉路口、汽车中转站等）之间流动的。

举个例子，一所学校要依据就近入学的原则来决定应该接收附近哪些街道上的学生。这时，街道路网构成一个地理网络，将学校作为一个节点并将其指定为中心，以学校拥有的座位数作为此中心的资源容量，每条街道上的适龄儿童作为相应网线的需求，走过每条街道的时间作为网线的阻碍强度。资源分配功能将从中心出发，依据阻碍强度由近及远地寻找周围网线并把资源分配给中心（也就是把学校的座位数分配给相应街道的儿童），直至被分配网线的需求总和达到学校的座位总数（吴信才，2014）。

用户还可以通过附给中心的阻碍限度来控制分配的范围。例如，如果限定儿童从学校走回家所需时间不能超过 30 分钟，就可以将这一时间作为学校对应的中心阻碍限度。这样，当从中心延伸出去的路径的阻碍值到达这一限度时，分配就会停止，即使中心资源尚有剩余。

☞ **习作 4-3　寻找最近设施**

所需数据：railway_ND，为习作 4-2 的网络数据集；scenes.shp，为中三角城市群的 3 个旅游景点。数据位于 ex11 文件夹内。

(1) 启动 ArcMap，添加"railway_ND""scenes.shp"到"Layer"，为了使地图看起来不太混乱，关闭 railway_ND_Junctions 图层。

(2) 确保"Network Analyst"工具条可以使用，并且 railway_ND 是网络数据库。在"Network Analyst"下拉菜单中选择"New Closest Facility"。"Closest Facility"图层被加载至目录中，包含 4 个列表：Facilities、Incidents、Routes 和 Barriers(Point、Line 和 Polygon)。

(3) 在"Network Analyst"工具条上单击"Show/Hide Network Analyst Window"，在"Network Analyst"窗口中右击"Facilities(0)"，并选择"Load Locations"，在接下来的对话框中，确保"scenes"为位置载入的图层，点击"OK"。

(4) 在"Network Analyst"窗口单击"Closest Facility Properties"按钮。在"Analysis Setting"标签，"Facilities to Find"设置为 1(表示搜寻最近设备的数量)，并选择"Facility to Incident"，不要选中为紧急事件服务的单行道复选框。单击"确定"，关闭对话框。在"Network Analyst"窗口中单击"Incident(0)"高亮显示，然后在"Network Analyst"工具条上使用"Create Network Location"工具，在网络上单击一个读者选择的事件控制点。单击"Solve"按钮，地图显示到该事件的最近景点的路径。在"Network Analyst"工具条上单击"Directions Window"按钮，该窗口列出了路径的距离、行驶时间以及详细的行驶方向。

3. 配置问题

配置是通过网络来研究资源的空间分布。在配置研究中，资源常指公共设施，如消防站、学校、医院、旅游景点或者开放空间(如地震避难所)(Tarabanis，Tsionas，1999；杨效忠等，2011)。设施的分布决定了它们的服务范围，因此空间配置分析的主要目的是衡量这些公共设施的效率。

在紧急事件服务中，一般以反应时间来衡量效率，即消防车或救护车达到事故地点所需的时间。例如，某城市居民要求消防站到任何地点的反应时间均在两分钟之内，现有两个消防站，这两个消防站到该城市大部分区域均超过两分钟，那么就要重新定位消防站的位置或者建立新的消防站。新消防站必须最大限度地覆盖现有消防站在两分钟内不能抵达的区域。

☞ **习作 4-4 寻找服务区（Chang，陈健飞，2014）**

所需数据：streetnetwork_ND，为习作 4-1 的网络数据集；firestat.shp，为消防站点。数据位于 ex12 文件夹内。

（1）启动 ArcMap，添加"streetnetwork_ND""firestat.shp"到"Layer"，为了使地图看起来不太混乱，关闭"streetnetwork_ND_Junctions"图层。

（2）在"Network Analyst"的下拉菜单中选择"New Service Area""Network Analyst"窗口打开后，会出现 4 个空的列表：Facilities、Polygons、Lines 和 Barriers（Point、Line 和 Polygon）。一个新的"Service Area"分析图层也被加载进来。

（3）在"Network Analyst"窗口右击"Facilities(0)"，并选择"Load Locations"，在下一个对话框中，确保"facilities"从"firestat.shp"中载入，并点击"OK"。可以看到，Location 1 和 Location 2 显示在"Analyst Network"窗口中。

（4）在"Network Analyst"窗口单击"Service Area Properties"按钮，打开对话框。在"Analysis Settings"标签，选择"Minutes"作为阻抗，分别输入 2 分钟和 5 分钟作为默认断点，选择"Away From Facility"，不勾选"Oneway"。在"Polygon Generation"标签，选中"Generate Polygons"复选框，选择"Generalized"和"Trim Polygons"，选择多个设施"Not Overlapping"，选择"Rings"作为"Overlap Type"，点击"确定"。

（5）在"Network Analyst"工具条上单击"Solve"按钮，计算消防站服务区。该服务区范围出现在地图和"Polygons(2)"中，点击"Polygons(2)"旁边的加号，可以看到 Location 1(消防站 1)和 Location 2(消防站 2)的两分钟内服务区的范围。

（6）在"Network Analyst"窗口单击"Service Area Properties"按钮，打开对话框。将默认断点更改为 5 分钟，如步骤(5)查看服务区范围。

（7）可以进一步将服务区保存为一个要素类。右击"Network Analyst"窗口"Polygons(2)"图层，并选择"Export Data"，将"All features"导出，并将要素类命名为"servicearea.shp"，点击"OK"。

第二节 网络中心性与道路形态

城市中心一般分布于交通主干道的交汇处，以此沿交通线向外扩张，并填充交通线之间的空间。随之，城市空间结构与交通网络结构越来越复杂，新的中心不断在新的交通交汇处形成，城市由原来的单中心结构变为多中心结构，这种演化过程贯穿于数千年的城市发展历史。交通网络中心性作为城市经济活动空间分布形成与演变的重要影响因素，能够改变经济活动分布区域的可达性与区位聚集效应。因此，交通网络中心性在英国、美国等发达国家的城市规划、城市地理、经济地理等理论与实践研究领域中得到广泛应用，如城市犯罪、网络监控设计、社区规划、住宅小区规划、城市空间结构分析等（Porta et al.，2009）。

交通网络中心性是通过测度交通节点的中心性,进而定量地衡量各节点可达性的有效手段(Crucitti et al., 2006)。Bavela(1948)首先提出,社会网络介数中心性是衡量最短路径通过数量的重要指标。Freeman(1977)在此基础上介绍了一系列网络介数中心性测算方法。随着网络科学的发达,学者们开始关注交通网络中心性,并深入展开研究,获得了较为丰富的成果。王法辉等(2016)学者曾运用邻近性(Closeness)、中介性(Betweenness)与直达性(Straightness)衡量博洛尼亚交通网络中心性,并研究其与土地利用密度的关系。Sergio Porta、Vito Latora(2009,2012),与王法辉等(2016)利用其开发的交通网络中心性分析工具测度了巴塞罗那交通中心性,并以 KDE 为基础研究各中心性指标与不同类型经济活动的关系;研究发现交通网络中心性对非基本经济活动的影响较基本经济活动的影响大;此外,还认为在城市规划中,应将城市交通作为街区中心,而非边界进行研究。

本实验运用多中心性评价模型(Multiple Centrality Assessment Model, MCA)测度城市道路网络中心性。多中心性评价模型中邻近度(Closeness)、中介度(Betweenness)与直达度(Straightness)等指标是测度道路网络中心性的重要指标,将交叉点或端点作为连接边的节点,然后沿着实际网络路径计算节点间距离,进而测度路网中心性。

邻近度(C_i^C)指一个节点与其他所有节点邻近的程度,其公式如下:

$$C_i^C = \frac{N-1}{\sum_{j=1; j \neq i}^{N} d_{ij}} \qquad (4-1)$$

式中:C_i^C 表示节点 i 的邻近度;N 为道路网络节点数;d_{ij} 表示节点 i 与 j 之间的最短路径。简言之,邻近度为某一节点到其他所有节点平均距离的倒数,平均距离越小,邻近度越大。邻近度接近地理学强调的距离衰减规律,随着距中心的距离增加,邻近度逐渐衰减(陈晨等,2013)。一般意义上的可达性是指任一点到达目的地的难易程度,常以距离、时间为指标来衡量空间阻抗。

中介度(C_i^B)是穿过某一节点的最短路径越多,其中心性就越高,这些是最短路径连接交通网络任意两个节点,其公式如下:

$$C_i^B = \frac{1}{(N-1)(N-2)} \sum_{\substack{j=1; k=1 \\ j \neq k \neq i}}^{N} \frac{n_{jk}(i)}{n_{jk}} \qquad (4-2)$$

式中:C_i^B 表示节点 i 的中介度;N 为道路网络节点数;n_{ij} 表示节点 i 与 j 之间的最短路径数量;$n_{ij}(i)$ 为节点 j 与 k 之间最短路径中穿过节点 i 的最短路径数量。与邻近度不同,中介度的提出是网络研究的重大改进。在 MCA 中,中介度并没有将节点 i 当作起点或终点,而是将其当作交通线路的通过点。中介度是衡量网络节点流量的重要指标。

直达性(C_i^S)衡量两个节点间最短路径与直线路径的偏离程度,偏离程度越小,直达性越好,交通效率越高。如果某一节点能够以最短的直线路径到达网络内任一节点,那么该节点直达性最佳,交通效率也最高,其公式如下:

$$C_i^S = \frac{1}{N-1} \sum_{j=1; j \neq i}^{N} \frac{d_{ij}^{\text{Eucl}}}{d_{ij}} \qquad (4-3)$$

式中:C_i^S 表示节点 i 的直达性;N 为道路网络节点数;d_{ij}^{Eucl} 为节点 i 与 j 之间的欧式距离;

d_{ij} 表示节点 i 与 j 之间的最短距离。直达性是衡量道路网络效率的重要指标。在空间网络研究中，直达性在人类探索复杂网络空间结构中具有极其重要的意义。

以新加坡科技设计大学与麻省理工学院合作开发的城市网络分析工具①（Urban Network Analysis，UNA）为支撑，ArcGIS 为平台，可实现道路网络中心性的测度。UNA 之所以适合空间网络分析，原因有以下几点：首先，该工具可以从几何学角度或拓扑学角度分析网络图层，使用度量距离（如：米）或拓扑距离（如：转弯）作为分析中的阻抗因子；其次，UNA 除包含网络节点与边要素这两种网络要素，还有第三个网络要素——建筑物，并将其作为分析的空间单元；再次，UNA 能够给予网络交叉点或建筑物等相应的权重，以得到更加准确可靠的分析结果（陈晨等，2013）。

第三节 案例1：基于多模式网络数据集的最优路径分析

一、实验目标

大多数情况下旅行者和通勤者使用几种交通方式，如在人行道上步行、在道路网上驾车行驶以及搭乘地铁或火车。因此，由要素数据集中的多个要素类创建多模式网络数据集在实际应用中更为常见。

（1）掌握多模式网络数据模型构建的实验步骤（步骤1）；

（2）掌握最优路径分析的实验步骤（步骤2）；

（3）掌握 OD 矩阵创建的实验步骤（步骤3）。

二、实验数据（数据位于 ex13 文件夹内）

GD_network.mdb——Geodatabase 数据集，包含一个名称为 RoadNet 要素集，该要素集包括4个要素类：GD_counties 为广东省88个县域单元或市辖区的点文件；GD_Railway 为广东省铁路网的线文件；GD_road 为广东省国道、省道、高速公路网的线文件；railway_stations 为广东省铁路站点。该要素集的投影坐标系为 WGS_1984_UTM_Zone_49N。

三、实验步骤

1. 构建多模式网络数据集

（1）在 ArcMap 中新建一个地图文档，单击菜单栏上的"Catalog"按钮，右击"GD_network.mdb"下"RoadNet"要素集，指向"New"→"Network Dataset"（图4-2），选择系统默认的网络数据集名称。点击"下一步"，勾选"GD_railway""GD_road""railway_stations"三个图层（代表不同的交通方式及其连接），点击"下一步"。选择"Yes"，在网络中构建转弯模型，尽管该网络不存在任何转弯要素类，选择"Yes"将允许网络数据集支持通用转弯

---

① UNA 官网 http://cityform.mit.edu/projects/urban-network-analysis。

并可在创建网络后随时添加转弯要素，并点击"下一步"。

（2）设置连通性和高程策略。连通性是构建网络数据集很重要的概念，而连通性往往从定义连通性组开始。一个网络数据集由边源和交汇点源构成，其中，每个边源只能被分配到一个连通性组中，每个交汇点源可被分配到一个或多个连通组中。在该案例中，公路网和铁路网属于不同的连通性组，两者通过铁路站点进行连接，否则分别来自两组不同源要素的边不连通。

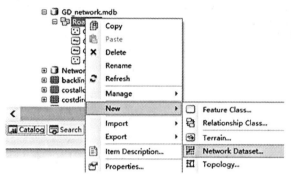

图4-2　创建"Network Dataset"

图4-3　"Connectivity"设置

（3）点击"Connectivity"，打开对话框，将"Group Columns"修改为2，按照图4-3进行设置，"railway_stations"为交叉点源，连接"GD_Railway"和"GD_road"，将"Connectivity Policy"修改为"Override"，点击"OK"。点击"下一步"。

（4）此数据集不存在高程数据，因此点击"None"，对网络要素不进行高程建模。点击"下一步"，设置"Minutes"为默认属性，表示最佳路径为时间最短，若设置"Length"为默认属性，则最佳路径为距离最短。点击"下一步"。

（5）为网络数据集配置方向。单击"Yes"设置方向，单击"Directions"打开网络方向属性对话框。在"General"选项下，修改"Display Length Units"为"Meters"，确认网络源"GD_road""GD_Railway""railway_stations"的"Name"是街道名称字段。点击"确定"，退出配置方向对话框，点击"下一步"。下一个窗口将会显示网络数据集的总结信息，单击"Finish"。单击"Yes"来创建网络，点击"Yes"将"RoadNet_ND"及其参与的要素类添加进地图图层。勾掉"RoadNet_ND_Junctions"，网络数据集显示如图4-4所示。

2. 最佳路径分析

（1）从"Customize"菜单下选择"Extensions"工具，确保"Network Analyst"被选中，从"Customize"菜单下选择"Toolbars"工具，确保"Network Analyst"已勾选。

（2）在"Network Analyst"工具条上，点击"Network Analyst"下拉栏选择"New Route"，一个新的路径分析图层也被加载到了目录表中。

（3）在菜单栏上点击"Add Data"，将"GD_counties"点文件加载进来。从"Selection"

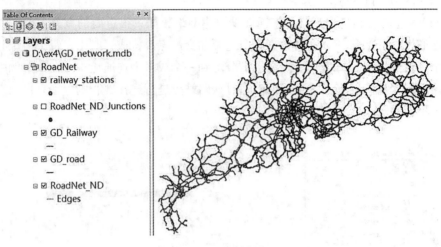

图 4-4 网络数据集

菜单中选择"Select By Attributes",在对话框中,确认"GD_counties"是所选图层,输入下面表达式以选择广州市辖区和阳东县:[地区名称]="广州市市辖区" OR [地区名称]="阳东县"。

(4)放大点图像"广州市市辖区",单击"Network Analyst"工具条上的"Create Network Location"工具,在网络上单击点"广州市市辖区"所在位置,该点会以符号"1"显示。如果该点不在网络上,符号旁边会有问号出现。若出现该种情况,则使用"Select/Move Network Locations"工具将点进行移动。重复相同的过程,在网络上定位"阳东县",在"Network Analyst"工具条上单击"Solve"按钮,求出两个站点间的最短路径,如图 4-5 所示。

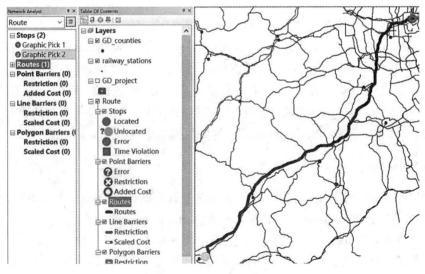

图 4-5 最短时间路径

(5)右击"Routes(1)"选择"Open Attribute Table",可以查看广州到阳东县的最短时间成本。在"Network Analyst"工具条上单击"Directions Window",可以显示具体的行驶距离、行驶时间及详细行驶方向。

3. 创建 OD 成本矩阵

(1)在"Network Analyst"工具条上,点击"Network Analyst"下拉箭头,选择"New OD Cost Matrix",一个新的"起点-目的地"成本矩阵分析图层被加载到了目录表中。

(2)在"Network Analyst"工具条上,点击"Network Analysis Window",在"Network Analyst"窗口中,右键单击"Origins(0)",然后选择"Load Locations",确认"GD_counties"为加载图层,"Sort Field"以及"Name"处均选择"地区名称",如图4-6所示。点击"OK"。同样地,右键单击"Destinations(0)",进行上述设置。我们可以看到图层变为"Origions(88)"和"Destinations(88)"。

图 4-6 "Load Location"对话框

(3)点击"OD Cost Matrix Properties",点击"Accumulation"选项,勾选上"Length"和"Minutes",点击"确定"。在"Network Analyst"工具条上点击"Solve",可以看到图层"Lines(7744)",显示的是广东省所有县级单元/市辖区点对之间的最佳路径。

(4)右击"Lines(7744)",选择"Open Attribute Table","Name"显示了点对的名称,"Total_Minutes"显示了点对之间的最短时间成本,"Total_Length"显示了点对之间的最短长度成本,如图 4-7 所示。

(5)点击"Table Options",选择"Export",将表格命名为"lines.dbf",点击"OK"。可在 Microsoft Excel 中打开此表格,并进行探索性分析。

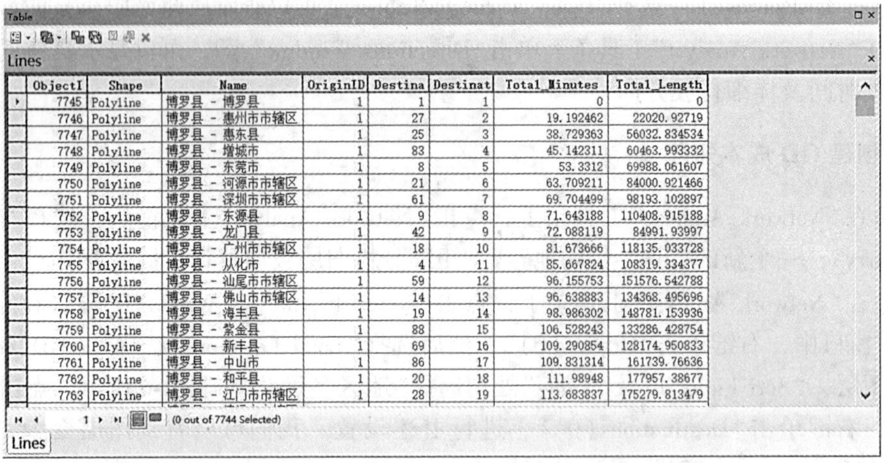
Table
Lines

ObjectI	Shape	Name	OriginID	Destina	Destinat	Total_Minutes	Total_Length
7745	Polyline	博罗县 - 博罗县	1	1	1	0	0
7746	Polyline	博罗县 - 惠州市市辖区	1	27	2	19.192462	22020.92719
7747	Polyline	博罗县 - 惠东县	1	25	3	38.729363	56032.834534
7748	Polyline	博罗县 - 增城市	1	83	4	45.142311	60463.993332
7749	Polyline	博罗县 - 东莞市	1	8	5	53.3312	69988.061607
7750	Polyline	博罗县 - 河源市市辖区	1	21	6	63.709211	84000.921466
7751	Polyline	博罗县 - 深圳市市辖区	1	61	7	69.704499	98193.102897
7752	Polyline	博罗县 - 东源县	1	9	8	71.643188	110408.915188
7753	Polyline	博罗县 - 龙门县	1	42	9	72.088119	84991.93997
7754	Polyline	博罗县 - 广州市市辖区	1	18	10	81.673666	118135.033728
7755	Polyline	博罗县 - 从化市	1	4	11	85.667824	108319.334377
7756	Polyline	博罗县 - 汕尾市市辖区	1	59	12	96.155753	151576.542788
7757	Polyline	博罗县 - 佛山市市辖区	1	14	13	96.638883	134368.495696
7758	Polyline	博罗县 - 海丰县	1	19	14	98.986302	148781.153936
7759	Polyline	博罗县 - 紫金县	1	88	15	106.528243	133286.428754
7760	Polyline	博罗县 - 新丰县	1	69	16	109.290854	128174.950833
7761	Polyline	博罗县 - 中山市	1	86	17	109.831314	161739.76636
7762	Polyline	博罗县 - 和平县	1	20	18	111.98948	177957.38677
7763	Polyline	博罗县 - 江门市市辖区	1	28	19	113.683837	175279.813479

1 (0 out of 7744 Selected)
Lines

图 4-7　“OD Cost Matrix”路径的属性表

第四节　案例 2：基于两步移动搜寻法的可达性分析

两步移动搜寻法是一种衡量可达性的方法，这种方法最早由 Radke 和 Mu(2000)提出。它分别以需求地和供给地为出发点，划定搜索范围，移动搜索两次，从而得到某种服务设施或资源的可达性。

第一步，对每个供给点j，搜索所有距离j距离阈值(d_0)范围(即j的搜索区)内的需求点(k)，计算供需比 R_j：

$$R_j = \frac{S_j}{\sum\limits_{k \in \{d_{kj} \leqslant d_0\}} D_k} \tag{4-4}$$

式中：d_{kj} 为k和j之间的距离；D_k 为搜索区内消费者(即 $d_{kj} \leqslant d_0$)的需求；S_j 为j点的总供给。

第二步，对每个需求点 i，搜索所有在 i 距离阈值(d_0)范围(即 i 的搜索区)内的供给点(j)，将所有的供需比 R 加在一起即得到 i 点的可达性 A_i^F：

$$A_i^F = \sum_{j \in \{d_{ij} \leqslant d_0\}} R_j = \sum_{j \in \{d_{ij} \leqslant d_0\}} \left(\frac{S_j}{\sum\limits_{k \in \{d_{kj} \leqslant d_0\}} D_k} \right) \tag{4-5}$$

式中：d_{ij} 为i和j之间的距离；R是i搜索区($d_{ij} \leqslant d_0$)内的供给点j的供需比。A_i^F 越大，则可达性越好。

上面第一步确定了供给点繁忙程度，即每个供给点服务区内的供需比。第二步计算了消费者的可达性，考虑了所有能为消费者提供服务的多个供给点，并将它们与消费者之间的供需比加总。相比其他方法，两步移动搜索法更加实用，更容易实现，也更加贴近实际情况。居民在寻求服务或者资源时，不一定局限在某一行政区或者普查区，而是进行跨区搜寻。传统的供需比例法将搜寻范围限制在区域内部；引力法倾向于夸大可达性较差地区的可达性得分,计算过程较为复杂,不够直观(王法辉等,2016)。

一、实验目的

(1)掌握各幼儿园(供给点)在给定范围内供需比的计算及操作方法(步骤1到步骤6);
(2)掌握各街道(需求点)幼儿园可达性的计算方法及可视化表达(步骤7到步骤10)。

二、实验数据(实验数据位于ex14文件夹内)

boundary.shp——面文件,武汉市主城区街道;
children.shp——点文件,武汉市各街道幼儿园就读人数;
school.shp——点文件,武汉市主城区幼儿园。

三、实验步骤

1. 加载数据

在ArcMap中新建一个地图文档,单击菜单栏"标准工具条"中的"Add Data" ,弹出对话框,点击"连接至文件夹" ,选择需要加载数据的路径,并添加"boundary.shp""children.shp、school.shp"(同时选中:在点击时同时按住"Shift"),点击"Add",如图4-8所示。

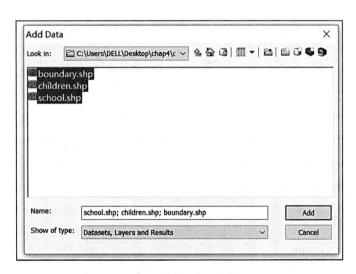

图4-8 数据添加对话框

2. 对供应点的能力进行赋值

下面开始第一次搜寻,第一次搜寻以幼儿园(供应点)为中心。打开"school.shp"的属性表。右击"school"→"Open Attribute Table"(图4-9),"class"字段表示该幼儿园的级别,分别有省级示范幼儿园、市级示范幼儿园、一级幼儿园、二级幼儿园、三级幼儿园和未评级幼儿园;"score"表示该幼儿园的供给能力,各级别幼儿园的供给能力分别对应 100、95、85、75、65、55,如图 4-10 所示。

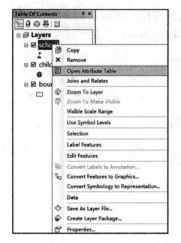

图 4-9 打开"school.shp"的属性   图 4-10 查看"attribute table"

3. 建立缓冲区

对幼儿园建立缓冲区"Buffer"。单击 ArcGIS 软件窗口上方"Geoprocessing",选择"Buffer"(图 4-11)。在弹出"Buffer"工具的菜单中,在"Input Feature"选择"school"图层,在"Output Feature Class"选择合适位置输出,命名为"school_Buffer.shp",在"Linear unit"输入 3000,单位选择"Meters",如图 4-12 所示,点击"OK",生成缓冲区。结果如图 4-13 所示。

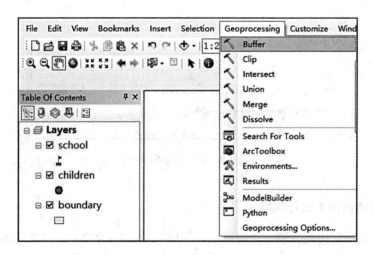

图 4-11 打开"Buffer"工具

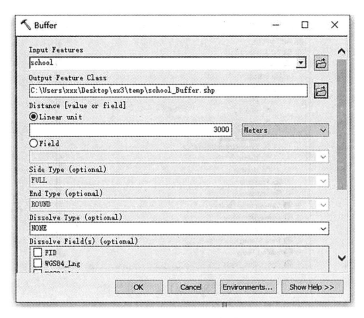

图 4-12 "Buffer"工具菜单设定

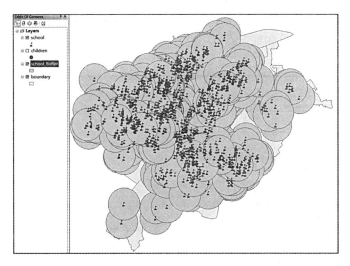

图 4-13 "school"缓冲区输出结果

4. 进行空间连接

将 school_Buffer 和各街道的就读学生进行空间连接。打开 ArcToolbox，选择"Analysis Tools"→"Overlay"→"Spatial Join"，如图 4-14 所示，弹出对话框。

在对话框中，"Target Feature"选择"school_Buffer"，"Join Features"选择"children"，"Output Feature Class"命名为"first_catchment"，"Match Option"中选择"COMPLETELY_

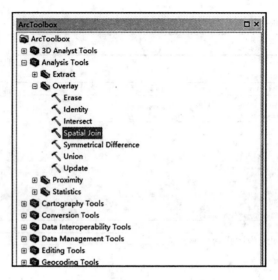

图 4-14 "Spatial Join"工具位置

CONTAINS"。在"Field Map of Join Feature"中，右击"student（Double）"，选择"Merge Rule"→"Sum"。如上设定完毕后，点击"OK"，如图 4-15 和图 4-16 所示。当空间连接发生时，如果需求点在缓冲区内，则将来自各街道的"children"图层中"student"字段添加到特定的缓冲区中，并进行求和处理。

图 4-15 "Spatial Join"选项设定

第四节 案例2：基于两步移动搜寻法的可达性分析

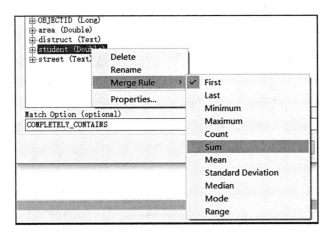

图4-16 对各街道就读字段进行求和处理

5. 计算供需比

由上一步的结果，可以看到左侧图层列表增加一个"first_catchment"图层，打开"first_catchment"的属性表，可以看到各街道就读学生的字段已经添加进来（图4-17）。点击属性表左上方的"Table Options"，选择"Add Field"，增加一个字段，命名为"ProToPop"，字段类型选择"Double"，点击"OK"。右击"ProToPop"，打开"Field Calculator"，输入"［socre］/［student］"，点击"OK"，得到"ProToPop"的具体数值。

class	score	BUFF_DIST	OBJECTID	area	distruct	student	street
省示范	100	3000	7	3138068.0459	武昌区	4779.698742	珞珈山街道
省示范、	100	3000	33	1661129.99324	洪山区	174.658524	梨园街道
省示范	100	3000	5	3125724.69958	武昌区	4036.99946	紫阳街道
省示范	100	3000	7	3138068.0459	武昌区	4779.698742	珞珈山街道
省示范	100	3000	2	2501324.6732	武昌区	3333.679621	南湖街道
省示范	100	3000	5	3125724.69958	武昌区	3712.39833	紫阳街道
省示范	100	3000	18	916339.922793	江汉区	6931.012347	民族街道
省示范	100	3000	36	443319.832714	江岸区	4833.146695	车站街道
省示范	100	3000	23	748926.714451	江汉区	4852.050195	民权街道
省示范	100	3000	41	991977.278734	江岸区	3654.360894	台北街道
省示范	100	3000	32	487082.458396	江岸区	6838.560783	大智街道
省示范、	100	3000	28	318772.582995	江汉区	9515.544222	前进街道
省示范	100	3000	17	1369801.30143	桥口区	8138.612495	汉中街道
省示范	100	3000	81	16279012.2174	洪山区	1711.647043	关山街道
省示范	100	3000	3	6527715.69292	洪山区	2301.169891	卓刀泉街道
省示范	100	3000	4	9514211.96403	洪山区	1000.36615	珞南街道
省示范、	100	3000	3	6527715.69292	洪山区	2301.169891	卓刀泉街道
省示范	100	3000	4	9514211.96403	洪山区	3224.188256	珞南街道
省示范	100	3000	50	1150604.27091	青山区	5119.752858	钢都花园管

图4-17 加入"student"字段

6. 字段连接

第一次搜寻还需要将 ProToPop 字段连接到 school 图层中,将供应能力赋予每个学校。右击"school"图层,选择"Joins and Relates",点击"Joins"。选择"first_catchment",匹配字段选择"sch_name",点击"OK"。最后,输出连接后的"school"图层,右击"school"→"Data"→"Export Data",命名为"school_ProToPop",点击"OK"。之后会弹出一个对话框,询问是否将新图层添加进 ArcGIS,点击"Yes",将"school_ProToPop"图层加载进来。

7. 建立需求点缓冲区

开始第二次搜寻,第二次搜寻以需求点为中心。对 children 图层进行缓冲区分析。在"Input Feature"选择"children",缓冲区半径选择"3"(Kilometers),保存为"children_Buffer",点击"OK"。

8. 进行空间连接(第二次搜寻)

将 children_Buffer 和 school_ProToPop 进行空间连接。如图 4-18 所示,方法与第一次搜寻的步骤 4 类似,输出文件命名为"second_catchment"。点击"OK"。

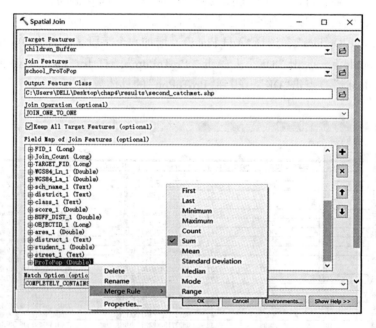

图 4-18 第二次搜寻空间连接设置

9. 字段连接(第二次搜寻)

该步骤是为了最终将可达性在街道层面进行表达。右击"boundary"图层,选择"Joins and Relates",点击"Joins",图层选择"second_catchment",连接字段选择"street",如图

4-19 所示，点击"OK"。该步骤类似于第一次搜寻的步骤 6。

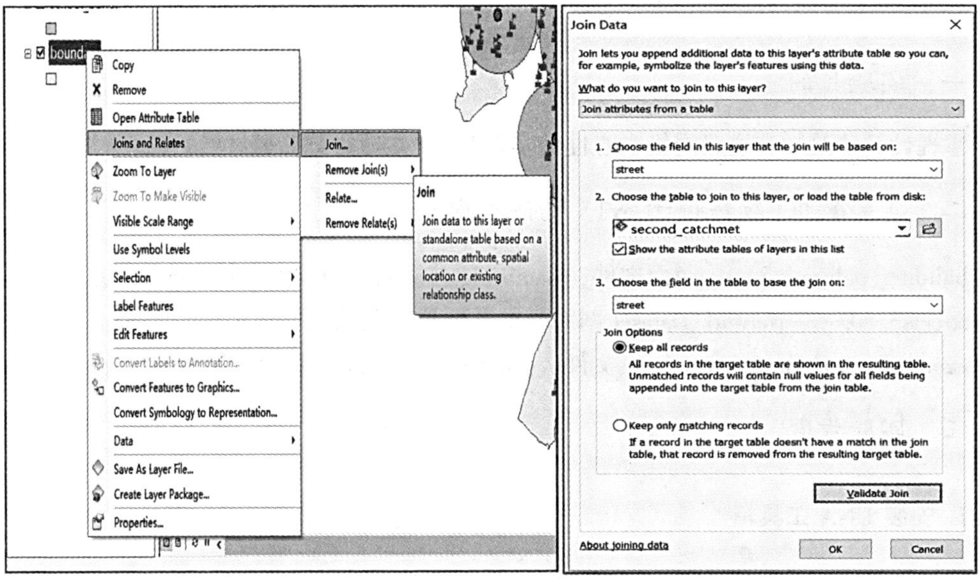

图 4-19 将 boundary 与 second_catchment 的属性表进行连接

10. 结果输出

将连接字段后的 boundary 图层输出，命名为"2SFCA"，步骤与第一次搜寻中的步骤 6 类似，将"2SFCA"添加到 ArcGIS 中。右击"2SFCA"，选择"Properties"，之后点击"Quantities"，选择"Graduated colors"，在"Values"下拉栏中选择"ProToPop"，选择合适的颜色，"Classes"选择 4，点击"确定"，输出最终结果。颜色越深，表示街道的可达性越好，结果如图 4-20 所示。

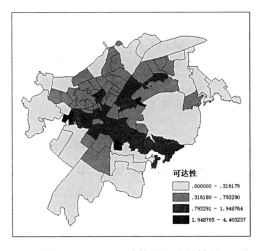

图 4-20 2SFCA 计算的可达性结果

第五节 案例3：网络中心性与道路形态分析

一、实验目的

掌握计算建筑物和道路网络中心性的实验过程(步骤1到步骤4)。

二、实验数据(数据位于ex15文件夹内)

building_polygons. shp——面文件，Cambridge-Sommerville地区建筑分布图；
streets3. ND——Network Dataset网络数据集，道路网络数据集；
cam_som_junctions2. shp——点文件，Cambridge-Sommerville地区道路节点图。

三、实验步骤

1. 安装UNA工具箱

解压UrbanNetworkAnalysis. zip[①]文件，其中包括工具箱文件(Urban Network Analysis Tools. tbx)、许可文件(license. txt)、帮助文档(UNA_help. pdf)、测试数据(Test_Files)和一个源代码子文件夹(src)。源文件夹(src)包含Centrality、Common、Redundancy、Symbology_Layers和python代码文件(. py扩展名)这5个子文件夹，存储UNA工具工作所需的所有脚本，而Symbology_Layers包含ArcGIS需要的符号模板，以便在屏幕上自动返回图形结果，如图4-21所示。

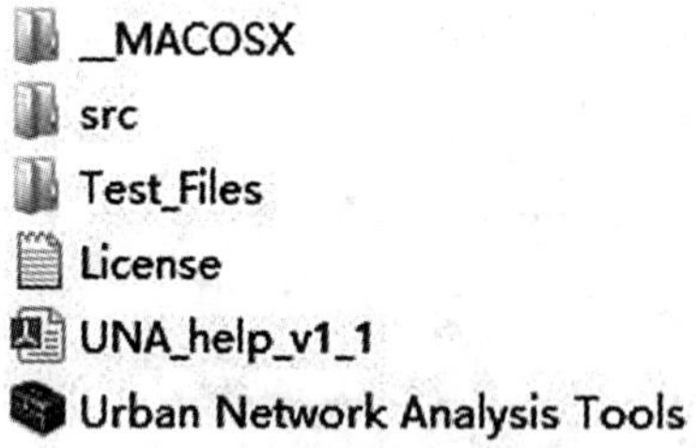

图4-21 解压后文件内容

在ArcMap中新建一个地图文档，在"工具箱"选项卡中空白处右键单击。选择添加工具箱，然后选择"Urban Network AnalysisTools. tbx"，单击"Open"，如图4-22所示。

城市网络分析工具箱(Urban Network Analysis Tools)出现在工具箱列表中。选择"Save

---

① 下载链接 https：//bitbucket.org/cityformlab/urban-network-analysis-toolbox/downloads/。

第五节 案例3：网络中心性与道路形态分析

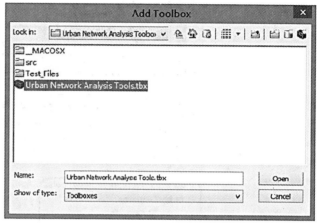

图 4-22 添加工具箱

Settings"→"To Default"以默认设置，在以后打开程序时，都可以让 ArcGIS 默认地加载这个工具箱，如图 4-23 所示。

2. 数据加载

单击菜单栏"标准工具条"中的"Add Data"，弹出对话框，点击"连接至文件夹"，选择需要加载数据的路径（D：\ chap4 \ data \ Cambridge-Sommerville），并添加"building_polygons. shp""cam-som. gdb"中的"streets3. ND"，如图 4-24 所示。

一个面文件①标记建筑脚印的位置或一个点文件（通常是建筑街道入口或足迹中心点）被用于计算，视作网络分析的节点。从输入的 building shapefile 文件中，还可以选择建筑物的权重（如果用户提供它们）。如果使用面文件，ArcGIS 需要 ArcInfo 许可证，如果使用点文件，则不需要。

注意，Centrality Tools 只能从 Feature Class（通常是 shapefiles）获取输入点，而不能从 Geodatabases（Gdb）获取输入点。Redundancy Tools 没有这个限制。

---

① 输入点应该是点 shapefile（. shp），而不是 Geodatabase（GDB）Feature Class。

第四章 GIS在城市空间可达性中的应用

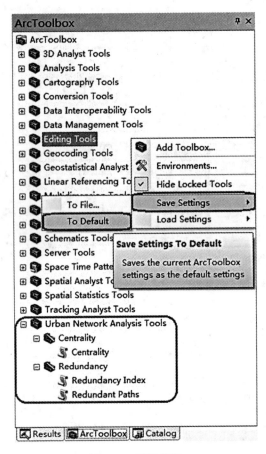

图 4-23 默认设置

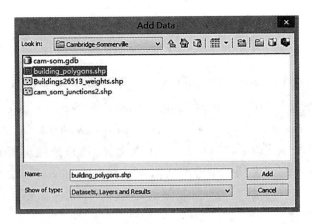

图 4-24 添加数据

在输入为多边形的情况下，假设每个建筑都连接到一条街（边），这条街（边）位于离多边形质心最近的垂直连接处。这种假设在构建多边形时可能是错误的，多边形的中心点

94

离小巷最近,但这不一定是它们真正与道路相连的入口。为了克服这种误差,用户可以使用点文件来表示建筑位置,以确保这些点反映了建筑物入口的真实位置。通过使用 ArcGIS 的"Data Management Tools"→"Features"→"Feature To Point"工具,将多边形转换为点(在输入建筑物旁边的选项中勾选点位置"Point Location Inside",质心将始终被放置在多边形的周长内)。

为了准确地模拟不同街道上有多个入口的建筑,用户可以为每个入口提供不同的输入点,并根据使用的入口数量来划分相应建筑的总属性权重。对同一建筑物的多个入口点的网络中心性计算的最终结果进行求和。

如果我们希望计算网络节点(而不是建筑物)的中心性度量,那么显示街道交叉点的节点也可以用作输入(参见图 4-25、图 4-26)。

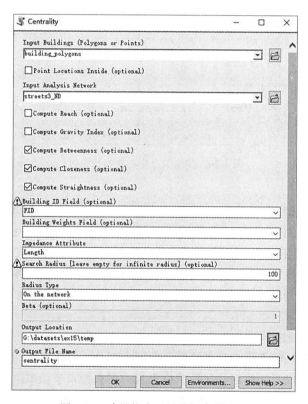

图 4-25　建筑物中心性分析参数设置

3. 设置分析选项

(1)指标。用户可以从 5 个网络分析指标中进行选择,详细的定义和公式见帮助文档(UNA_help.pdf)。

(2)权重。可选择点 shapefile 中属性表中的字段,以构建权重。输入建筑权重可以描述任何有意义的数字特征,如建筑大小、住宅数量、企业数量等。当选择权重进行分析时,结

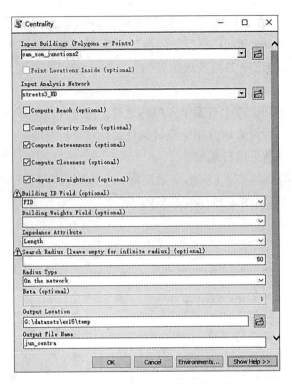

图 4-26　网络节点中心性参数设置

果会根据所选属性以加权形式返回。例如，如果选择每个大楼中的雇员人数作为 Reach 度量的权重，那么结果将返回在网络中每个大楼周围的搜索半径内能够到达的雇员总数。

(3) 阻抗属性。阻抗属性用以限制网络半径和最短路径计算。默认值 Length 将线性距离设置为阻抗属性，搜索半径和最短路径计算使用线性距离(如：米)作为阻抗因子。如果使用转弯(Turn)作为阻抗属性，那么这些半径将受到到达目的地所需转弯的限制，而不是距离。

(4) 搜索半径。搜索半径定义了用于计算指定度量的缓冲区半径。如果用户没有指定搜索半径，则使用默认的无限半径来访问图的所有部分。搜索半径的单位与网络数据集的阻抗属性单位相同，如果网络阻抗属性单位为米，那么搜索半径单位也为米。

(5) 半径类型。由于网络的几何形状和拓扑结构在每个建筑周围通常是不同的，因此可以使用这个选项来均衡每个建筑周围的空间邻居选择。此选项只影响选择哪个邻居进行分析，它对分析中的实际路由计算没有影响，所有行程仍然使用网络路由计算。

(6) 保存结果。该输入允许用户选择要在其中写入所有结果文件的文件夹。请注意 ArcGIS 中路径名最长是 160 个字符。在选择路径和输出文件名时，请注意这一限制，并在必要时缩写。

本实验分别选择对建筑物中心性(图 4-25)和道路网络节点中心性(图 4-26)进行测度，这里仅做示范，计算指标、阻抗属性、搜索半径、半径类型都需要根据研究目的调整。

4. 结果呈现

由于研究区域、参数设置与计算机配置存在差异，运算时间从几分钟到若干小时不等。属性表中的字段 Closeness、Betweenness、Straightness 分别指邻近度、中介度、直达度。图 4-27 和图 4-28 分别是建筑物中心性和网络节点中心的结果可视化。

图 4-27　建筑物中心性结果呈现

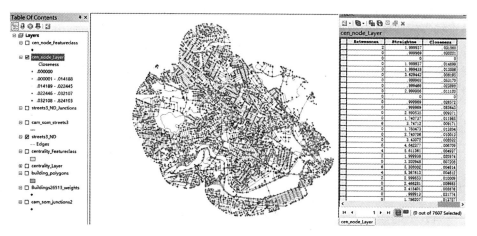

图 4-28　网络节点中心性结果呈现

第五章 GIS 在城市经济发展中的应用

经济学家一直希望将空间纳入经济分析中。德国经济学家廖什(1954)将空间均衡的思想引入区位分析。德国经济学家杜能最早将农业生产的同心圆结构引入到经济模型中。荷兰经济学家丁伯根(1981)在获得第一届诺贝尔经济学奖时呼吁把空间因素引入到经济模型中。Krugman(1991,1998)创立了基于核心-边缘模型的新经济地理学,引起了经济学界对空间的广泛兴趣(赵作权,2010,2014)。

目前,经济学关注空间因素的领域主要有以下几个方面(赵作权,2010,2014):第一是生产的空间密集型,包括城市空间结构和经济体的空间格局(Anas et al.,1998;Nordhaus,2006);第二是经济的区域差异,减少区域差异一直是经济发展的一个重要目标,分析区域差异的时空发展趋势常常是经济学家和地理学家关心的问题(Wei,1999,2002,2013;关兴良等,2012);第三是城市体系等级结构与增长,一些学者试图将城市区位引入城市等级结构模型中(Rozenfeld et al.,2011)或城市增长分析中(Quah,2011);第四是市场邻近性效应,这是新经济地理的实证研究内容,市场潜能指标用于揭示越邻接市场的地方,生产率越高的规律(Redding,2010)。随着 GIS 技术的兴起,极大地方便了经济发展空间格局的动态可视化,为优化我国经济发展布局、提高经济效益和辅助政府决策提供了重要的技术手段。

第一节 空间格局表征和计量

一、一般表征

在空间 D 上的任意一个格局 O 都有且仅有 5 个方面的整体特征,即中心性、展布性、密集性、方位和形状。在这 5 个特征中,中心性、展布性、方位和形状与 O 的属性总量无关,密集性与 O 的属性总量有关。同时,形状不再局限于一个单一对象或物体,例如,点格局也拥有形状特征(赵作权,2014)。

O 的 5 个特征具有不同的含义:中心性是指 O 内的一些点比其他点更邻近 O 整体的特性;展布性是指 O 在 D 上的分布范围;密集性是指 O 在 D 上展布的密集程度;方位是指 O 在 D 上展布的主体方向;形状是指 O 在 D 上展布的形态(赵作权,2014)。

二、表征模型

标准差椭圆(Standard Deviational Ellipse)属于空间格局统计分析方法,与一般空间统计方法不同,其着重于揭示地理要素空间分布的全局特征。一般采用中心性、展布性、密集性、方位和形状特征进行表达。

1. 中心性

中心性采用标准差椭圆中心 O(即重心)表示(图 5-1),反映了地理要素空间分布整体的相对位置,由椭圆中心的坐标对 (x, y) 表示。中心是空间格局保持力学平衡的点,到空间格局内各点的距离平方和最小。

2. 展布性

标准差椭圆的面积表达了地理要素空间分布的展布性,面积越大,展布性越大。椭圆的长半轴用 L_1 表示,短半轴用 L_2 表示(图 5-1),则椭圆的分布面积为 $A = \pi L_1 L_2$。标准差椭圆揭示了 68% 经济总量的分布范围,代表了我国的主体经济。

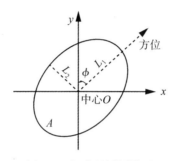

图 5-1 标准差椭圆模型

3. 密集性

密集性是指一个单位展布范围内所包含的属性值,值越大代表密集水平越高。

4. 方位

标准差椭圆长半轴的方向表达了地理要素在二维空间上发展的主体趋势方向,用长轴与 y 轴(或正北方向)夹角 ϕ 表示。

5. 形状特征

标准差椭圆形状指数 ρ 是短轴与长轴的长度之比,体现了地理要素空间分布的整体形状,用公式表达如下:

$$\rho = L_2 / L_1 \tag{5-1}$$

形状指数越大,代表椭圆越接近于正圆,反之越线性。

标准差数的选择决定了经济总量的可表达范围。这里采用标准差数 1 表达 68% 经济总量的质心包含在内。标准差椭圆的具体计算过程可参见 Scott、Janikas(2010),以及 Gong(2002)的研究。可采用 ArcGIS Desktop 空间统计模块进行参数计算和空间可视化。

标准差椭圆方法可以识别空间分布的方向性趋势，揭示空间事物分布的内在规律。例如，识别盗窃犯罪点的空间分布方向，可能会发现盗窃犯罪分布趋势与某条道路的走向吻合；识别区域内污染检测点的空间分布方向，会有助于找出污染扩散的主要方向。标准差椭圆也可以用某一属性值作为权重，生成加权标准差椭圆。标准差椭圆的方法也能适用于识别多边形要素分布方向。

☞ 习作5-1 空间格局表征

所需数据：prefectures.shp，为我国地级市行政区划，属性数据包括CityID、province（省名称）和cityname（地级市名称）；prefectures.xls，包括我国各地级市的POP（人口）、GDP（国内生产总值）等数据。数据位于ex16文件夹内。

（1）启动ArcMap，添加"prefectures.shp""prefectures.xls"到"Layer"，请读者参照第三章案例的实验步骤2，使用Join Data工具将空间数据prefectures.shp和外接属性数据prefectures.xls进行连接。

（2）在菜单栏上打开ArcToolbox，依次选择"Spatial Statistics Tools"→"Measuring Geographic Distributions"，双击"Directional Distribution（Standard Deviational Ellipse）"，打开对话框，在"Input Feature Class"选择"prefectures"，将"Output Ellipse Feature Class"命名为"prefecture_pattern.shp"，在"Ellipse Size"选择"1_STANDARD_DEVIATION"，在"Weight Field（optional）"选择"Sheet1$.POP"，点击"OK"，关闭对话框。

（3）prefecture_pattern自动加载进ArcMap，椭圆内的范围即为68%人口集中的区域。单击"prefecture_pattern"下方的颜色色块，打开"Symbol Selector"对话框，选中左边方框内的"Hollow"，并点击"OK"。可以看出，人口主要集中在中西部区域。

（4）右击"prefecture_pattern"图层，点击"Open Attribute Table"，有5个属性列，其中，"Center X"和"Center Y"为标准差椭圆中心的坐标位置，"XStdDist"和"YStdDist"分别为标准差椭圆的短半轴、长半轴，"Rotation"为标准差椭圆的方位角。根据上述表征模型的具体指标和内涵，可以很容易计算出我国地级市人口分布的中心性、展布性、方位和形状特征。

（5）进一步查看人口标准差椭圆的重心落在哪个具体的位置。在菜单栏上点击"Go To XY"，在工具栏上下拉箭头里选择单位"Meters"。打开"prefecture_pattern"图层的属性表，将"Center X"的值复制粘贴到"X:"后的方框内，将"Center Y"的值复制粘贴到"Y:"后的方框内。然后点击"Add Point"，放大该点，点击菜单栏上"Identify"工具，点击该点，在打开的对话框中确认"Idenfity from prefectures"图层，再点击该点，可以看到该点位于河南省南阳市内，说明人口中心位于南阳市内。

（6）求取密集性指标。在菜单栏上点击"Selection"→"Select By Location"，在"Selection method"选择"select fetures from"，在"Target layer(s)"勾选"prefectures"，在"Source layer"选择"prefecture_pattern"，在"Spatial selection method for target layer feature(s)"选择"intersect the source layer feature"，点击"OK"。

(7) 右击"prefectures"图层，选择"Open Attribute Table"，在属性表下方可以看到有 218 个地级市被选中，点击"Show selected records"，选中"POP"一列，黄色高亮显示，右击"POP"一列，并选择"Statistics"，可以看到选中地级市的人口总和（Sum），依据该值和展布性指标即可计算密集性指标。

(8) 读者可采用属性值 GDP 生成加权标准差椭圆，探讨我国地级市 GDP 分布的空间格局。

第二节　探索性空间数据分析

20 世纪 60 年代，Tukey 面向数据分析的主题，提出了探索性数据分析（Exploratory Data Analysis，EDA）的新思路，解决了传统统计分析中数据不能满足正态假设，基于均值、方差的模型在实际数据分析中缺乏稳定性的问题，并且满足了对海量数据进行分析的要求。20 世纪后半叶，在西方统计界兴起了探索性数据分析技术，其重点是通过显示关键性数据和使用简单的指标得出模式，利用归纳的方式提出假设，避免非典型观测值的误导。从 20 世纪 90 年代开始，探索性数据分析技术逐渐被广大地学工作者认可并被引入地球信息科学，用以完善和发展空间分析技术的理论和方法，形成了新的研究领域——探索性空间分析（Exploratory Spatial Data Analysis，ESDA），也有将其称为探索性空间数据分析。该方法已被许多学者认可，并取得了一定的研究成果（王喜等，2006）。

除了上一节讨论的对事物空间分布进行概括性测度的方法，在许多情况下，还需要考察、判断事物的空间分布模式。一般而言，一组空间事物的空间分布模式可划分为聚集模式、分散模式和随机模式（图 5-2）。例如，我国乡镇企业的空间分布是集聚的、随机的，还是分散的？非洲猪瘟疫情的空间分布格局随着时间的变化是变聚集了，还是分散了？空间分布模式的探测，有助于发现事物发展的成因和过程，掌握演变规律，为决策支持提供理论依据。

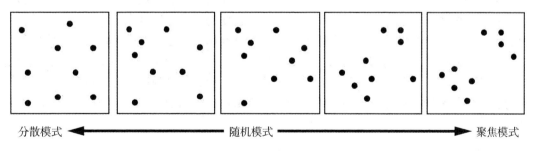

图 5-2　空间分布的模式

著名地理学家 Tobler（1970）提出"地理学第一定律"，即"任何事物都与其他事物相联系，但邻近的事物比较远的事物联系更为紧密"（Everything is related to everything else, but near things are more related than distant things）。空间自相关（Spatial Autocorrelation）是基于

地理学第一定律提出的概念,认为属性值与其所处的位置有关,不同空间事物属性值之间的相关性是由这些事物的空间位置造成的(宋小冬等,2010)。空间相关性是空间单元属性值聚集程度的一种度量(Getis, Ord, 2010; Goodchild, 1986;张松林、张昆,2007)。由于空间自相关主要用于度量某位置上的数据与其他位置上的数据之间的相互依赖程度,空间自相关也常被称为空间依赖。例如,空间位置隔得越近,其社会经济发展情况就越接近、越相关。

一、空间关系

数据样本在空间上的此起彼伏和相互影响是通过区域之间相互联系得以实现,空间权重矩阵用以传载这一作用过程,定量表达不同样本单元之间的空间关系(Spatial Relationship)(刘旭华、王劲峰,2002)。构建空间连接权重是计算空间自相关的重要基础。空间权重矩阵可以量化数据集要素中存在的空间和时态关系(或至少可以量化这些关系的概念化表达)。虽然空间权重矩阵文件可能具有多种不同的物理格式,但从概念上讲,我们可以将空间权重矩阵看作一个表格,数据集中的每个要素都对应着表格中的一行和一列。任意给定行/列组合的像元值即为权重,可用于量化这些行要素和列要素之间的空间关系。

通常定义一个二元对称空间权重矩阵 W,来表达 n 个位置的空间区域的邻近关系:

$$W_{ij} = \begin{pmatrix} w_{11} & w_{12} & \cdots & w_{1n} \\ w_{21} & w_{22} & \cdots & w_{2n} \\ \vdots & \vdots & & \vdots \\ w_{n1} & w_{n2} & \cdots & w_{nn} \end{pmatrix}, \begin{cases} i = 1, 2, \cdots n \\ j = 1, 2, \cdots n \end{cases} \quad (5\text{-}2)$$

式中:W_{ij} 表示区域 i 与 j 的临近关系,它根据邻接标准或距离标准来度量。

空间权重矩阵有多种设定规则,常见的方式如下。

1. 面邻接

最初对空间自相关性的测度,是根据空间单元间的二进制邻接性思想进行的。邻接性是由 0 和 1 两个值表达。如果空间单元间有非零长度的边界,则认为这二者是相邻的,所对应的二进制连接矩阵的元素就会赋值为 1,否则为 0。按此定义的空间权重矩阵叫作二进制连接矩阵。二进制的邻接性认为只有相邻的空间单元之间才有空间交互作用,这只是对空间单元之间交互程度的一种很有限的表达方式。而且这种邻接性对于许多拓扑转换不敏感,即一个相同的连接矩阵可以代表许多不同的空间单元分布方式(刘旭华、王劲峰,2002)。

2. 反距离

使用反距离来计算空间权重矩阵时,空间关系的概念模型是一种阻抗或距离衰减。要素 A 会受到其他所有要素的影响,但距离越近,影响程度越大。反距离空间权重适用于对连续数据(如温度变化)进行建模。在使用反距离这一概念建模时,通常要指定一个距离范围或距离阈值,以减少所需的计算量。

3. K 最近邻域

构建空间邻域关系，以便每个要素都可在其周边指定数量的最近邻域空间环境内进行评估。如果邻域数 K 为 8，则距目标要素最近的 8 个邻域单元都会包含在该要素的计算中。分析的空间范围受到空间要素密度的影响：在要素密度高的位置，分析的空间范围会比较小；反之，在要素密度低的位置，分析的空间范围会比较大。该方法的优势在于可确保每个目标要素都有一些邻域。

4. 通行网络

通常采用以上 3 种方法定义要素间的空间关系，但在一些情况下，如零售分析、服务的可访问性、紧急响应、疏散计划、交通事故分析等，利用实际的通行网络（如公路、铁路或人行道）定义空间关系更为合适。通常基于矢量网络，根据时间或地理距离对空间关系建模并将其存储。

☞ **习作 5-2　生成空间权重矩阵**

所需数据：prefectures.shp，位于 ex16 文件夹内。

（1）启动 ArcMap，添加"prefectures.shp"到"Layer"，在菜单栏上打开 ArcToolbox，依次选择"Spatial Statistics Tools"→"Modeling Spatial Relationships"，双击"Generate Spatial Weights Matrix"，打开对话框，在"Input Feature Class"选择"prefectures.shp"，在"Unique ID Field"选择"CityID"，将"Output Spatial Weights Matrix File"命名为"spatialmatrix.swm"，将"Conceptualization of Spatial Relationships"选择"INVERSE_DISTANCE"（反距离），"Distance Method（optional）"可以选用 EUCLIDEAN（欧式距离）或 MANHATTAN（曼哈顿距离），一般欧式距离选择居多。点击"OK"，退出对话框。

（2）若要选择面邻接来测算空间权重矩阵，设置如步骤（1），将"Conceptualization of Spatial Relationship"修改为"CONTIGUITY_EDGES_ONLY"（具有共享边的面才包含在计算中）或"CONTIGUITY_EDGES_CORNERS"（具有共享边和/或角的面均包含在计算中）。

（3）若要选择 K 最近邻域来测算空间权重矩阵，设置如步骤（1），将"Conceptualization of Spatial Relationship"修改为"K_NEAREST_NEIGHBORS"，"Number of Neighbors（optional）"（邻居个数）选项默认为 8，读者可根据需要进行修改。

二、全局空间自相关

全局空间自相关（Global Spatial Autocorrelation）指标用于探测整个研究区域的空间模式，即使用单一的值来反映该区域的自相关程度。全局空间自相关可以衡量区域之间整体上的空间关联与空间差异程度。衡量空间自相关的全局指标主要有全局 Moran's I 指数、全局 Geary's C 系数等（张松林、张昆，2007；黄飞飞等，2009）。这里主要介绍全局 Moran's I 指数的计算过程。

全局 Moran's I 指数反映的是空间邻接或邻近的区域单元属性值的相似程度，其计算公式为：

$$I = \frac{n \sum_i \sum_j w_{ij}(x_i - \bar{x})(x_j - \bar{x})}{\sum_i \sum_j w_{ij} \sum_i (x_i - \bar{x})^2} \tag{5-3}$$

式中：x_i 为区域 i 的观测值，$(x_i - \bar{x})(x_j - \bar{x})$ 反映了观测值的相似性；w_{ij} 代表空间单元 i 和 j 之间的影响程度。

Moran's I 指数的取值范围在 -1 到 1 之间，越接近于 -1，表示单元间的差异越大或分布越分散；越接近 1，则表示单元间的关系越密切，性质越相似（高值聚集或低值聚集）；接近 0，则代表单元间不相关，空间分布呈随机状态。

全局 Moran's I 指数通过计算 z 值检验计算结果的显著性，z 值计算方法是将实际计算值与随机分布的期望值进行比较。在正态分布中，显著性水平 5%（$\alpha = 0.05$）对应的 z 值为 ± 1.96。一般而言，如果计算得到 $z > 1.96$ 或 $z < -1.96$，就认为结果在 $\alpha = 0.05$ 显著性水平下具有统计上的显著性，即计算得到的空间自相关模式在大于 95% 的概率上是可靠的。

☞ **习作 5-3　全局空间模式**

　　所需数据：prefectures.shp，为我国地级市行政区划；prefectures.xls，包括我国各地级市的 POP（人口）、GDP（国内生产总值）等数据，同习作 5-1。

　　（1）启动 ArcMap，添加"prefectures.shp""prefectures.xls"到"Layer"，请读者参照第三章案例的实验步骤 2，使用 Join Data 工具将空间数据 prefectures.shp 和外接属性数据 prefectures.xls 进行连接。

　　（2）在菜单栏上打开 ArcToolbox，依次选择"Spatial Statistics Tools"→"Anayzing Patterns"，双击"Spatial Autocorrelation（Moran's I）"打开对话框，"Input Feature Class"设置为"prefectures"，"Input Field"设置为"Sheet1 \$.POP"，勾选上"Generate Report（optional）"，系统默认采用反距离（INVERSE_DISTANCE）生成空间权重矩阵，若要更改，直接修改"Conceptualization of Spatial Relationships"选项。点击"OK"，退出对话框。

　　（3）在菜单栏上点击"Geoprocessing"→"Results"，展开"Spatial Autocorrelation（Moran's I）"，可以看到全局 Moran's I 指数为 0.12，z 指数为 8.91（该值大于 1.96，说明该结果在统计上是显著的）。双击"Report File：Moran's I_Results.html"，可以看到人口的空间模式为集聚。

　　值得注意的是，生成的结果报告中带有 Warning 感叹号，这是为了降低计算量，系统会设定阈值范围，仅在该阈值范围内的要素才能被当作邻居。若不指定"Distance Band or Threshold Distance (optional)"，系统会采用默认的邻域搜索范围。邻域搜索范围的设置会直接影响到 Moran's I 指数的计算结果。一般认为，需要比较不同距离下的 z 值，z 值最大时的距离阈值认为是最优的邻域搜索范围。一般采用"Incremental Spatial Autocorrelation"工具找出最优的邻域搜索范围，如下两步骤。

（4）在菜单栏上打开 ArcToolbox，依次选择"Spatial Statistics Tools"→"Anayzing Patterns"，双击"Incremental Spatial Autocorrelation"打开对话框，"Input Features"选择"prefectures"，"Input Field"选择"Sheet1 $.POP"，将"Number of Distance Bands"设置为 20，在"Distance Increment (optional)"输入 5000（单位为米），将"Out Report File (optional)"命名为"spatialauto.pdf"，点击"OK"。

（5）在菜单栏上点击"Geoprocessing"→"Results"，展开"Incremental Spatial Autocorrelation"，双击"Output Report File：spatialauto.pdf"，可以看到 z 值与距离的变化图表，显示有两个最高值(Peaks)，最大 Peak 值对应是 570104（距离）、9.99（z 值）。该距离阈值对应的 Moran's I 值为 0.09。

三、局部空间自相关

局部空间自相关(Local Spatial Autocorrelation)，描述一个空间单元与其邻域的相似程度，表示每个局部单元服从全局总趋势的程度（包括方向和量级），并指示空间异质，说明空间依赖是如何随位置变化的。实际上，反映空间联系的局部指标很可能和全局指标不一致，空间联系的局部格局不能为全局指标所反映，尤其在大样本数据中，在强烈而显著的全局空间联系之下，可能掩盖着完全随机化的样本数据子集。有时甚至会出现局部的空间联系趋势与全局的趋势恰恰相反的情况，全局指标有时甚至会掩盖局部状态的不稳定性，因此在很多场合需要采用局部指标来探测空间自相关。例如，地震学家往往需要对地震数据进行空间自相关分析，基于地震发生是否存在空间格局的有关信息来研究地震的区域分布特性，以辅助地震预报(王劲峰等，2004)。

局部空间自相关指标对研究区域内每一个空间要素进行测度，具体计算方法是在全局指标的基础上进行若干修正后得出。其中，全局 Moran's I 指数、全局 Geary's C 系数对应的局部指标分别为局部 Moran's I 指数、局部 Geary's C 系数。其中，局部 Moran's I 指数和局部 Geary's C 系数也被统称为局部空间关联指标(Local Indicators of Spatial Association，LISA)(Anselin，1995)。总体而言，局部 Moran's I 统计量的分布性质更加理想一些，所以应用更多。该指标由 Anselin 于 1995 年首次提出，在一些文献中也称为 Anselin Local Moran's I。

与全局指标的测度方法一致，LISA 也是建立在对属性值相似度、空间位置相似度测度的基础上。研究区域中有 n 个空间要素，其中，空间要素 i 的局部 Moran's I 值计算公式如下：

$$I_i = \frac{x_i - \bar{X}}{S_i^2} \sum_{j=1, j \neq i}^{n} w_{ij}(x_j - \bar{X}) \qquad (5\text{-}4)$$

式中：x_i 空间单元 i 的属性值；S_i^2 为属性值 x_i 的方差；w_{ij} 为空间权重矩阵。

对于任一空间要素 i，局部 Moran's I 指数的计算结果，较高的 I_i 值，说明空间要素 i 与周边相邻要素的属性值具有较高的相似度；较低的 I_i 值，说明空间要素 i 与周边相邻要素的属性值具有较低的相似度。局部 Moran's I 指数的计算结果也需要进行显著性检验，需要计算 z 值用于判断较高或较低的 I_i 值是否由偶然因素导致的。显著性检验方法与全局 Moran's I 指数的计算方法类似。

以美国爱达荷州阿达县总人口为例，生成局部空间自相关图，如图 5-3 所示。图中 High-High Cluster、Low-Low Cluster 为高值/低值聚集区，High-Low Outlier、Low-High Outlier 为高低/低高异值区，Not Significant 为统计不显著的区域。可以看出，总人口高值集聚区主要分布在阿达县西部的大面积街区，而人口低值集聚区主要分布在博伊西地区。根据聚类与异常值分析图，可以找出总人口分布的特征和规律，并进行深一步诊断。

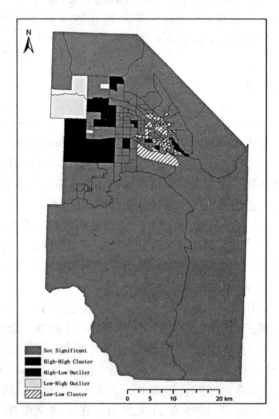

图 5-3 美国爱达荷州阿达县总人口空间自相关分布

☞ 习作 5-4 局部空间模式

所需数据：prefectures.shp，为我国地级市行政区划；prefectures.xls，包括我国各地级市的 POP（人口）、GDP（国内生产总值）等数据，同习作 5-1。

（1）启动 ArcMap，添加"prefectures.shp""prefectures.xls"到"Layer"，请读者参照第三章案例的实验步骤 2，使用 Join Data 工具将空间数据 prefectures.shp 和外接属性数据 prefectures.xls 进行连接。

（2）在菜单栏上打开 ArcToolbox，依次选择"Spatial Statistics Tools"→"Mapping Clusters"，双击"Cluster and Outlier Analysis（Anselin Local Moran's I）"，打开对话框，"Input Feature Class"设置为"prefectures"，"Input Field"设置为"Sheet1 $.POP"，将"Output Feature Class"命名为"localpattern.shp"。"Conceptualization of Spatial Relationships"定义生成空间权重的方式，一般默认为"INVERSE_DISTANCE"（反距离），若选择反距离或反距离平方，需要在"Distance Band or Threshold Distance (optional)"输入 570104（已在习作 5-3 中说明），点击"OK"，退出对话框。

（3）localpattern.shp 图层自动加载进 ArcMap，地图显示了 Not Significant、High-High Cluster、High-Low Outlier、Low-High Outlier、Low-Low Cluster 五类，分别表示统计不显著、高值集聚、高低异常值、低高异常值、低值聚集。

四、热点分析

局部 Moran's I 指数虽然能测定出属性值在空间上的聚类分布，但是无法区分是属性值高值聚类还是低值聚类。局部 G 统计量是在广义 G 统计量的基础上构造出另一个局部空间自相关指标。局部 G 统计量的优点在于可以区分高值聚类区域和低值聚类区域，分别称为"热点"（Hot Spot）和"冷点"（Cold Spot）。局部 G 统计量可以直接计算出，在显著性水平 $\alpha = 0.1$ 时，$z > 1.65$ 是高值聚类区域，即"热点"区域，$z < -1.65$ 是低值聚类区域，即"冷点"区域。"热点"和"冷点"都是局部空间正相关，是属性值高度相似的区域，这是局部 Moran's I 指数无法区分的。对于具有显著统计学意义的正的 z 得分，z 得分越高，高值（热点）的聚类就越紧密。对于统计学上的显著性负的 z 得分，z 得分越低，低值（冷点）的聚类就越紧密。

以美国爱达荷州阿达县总人口为例，生成人口热点分布图，如图 5-4 所示。图中 Cold Spot-99%、Cold Spot -95%、Cold Spot -90%、Not Significant、Hot Spot -90%、Hot Spot -95%、Hot Spot -99%，分别显示了 90%置信区、95%置信区、99%置信区间下人口分布的热点和冷点区域。可以直接显示人口的高值/低值聚集区，并挖掘其分布规律和原因。可以发现，拉丁裔人口高值区主要分布在博伊西和位于西南部的大面积街区，而人口低值集聚区主要分布在博伊西的西北地区。

☞ **习作 5-5　热点分布**

所需数据：prefectures.shp，为我国地级市行政区划；prefectures.xls，包括我国各地级市的 POP（人口）、GDP（国内生产总值）等数据，同习作 5-1。

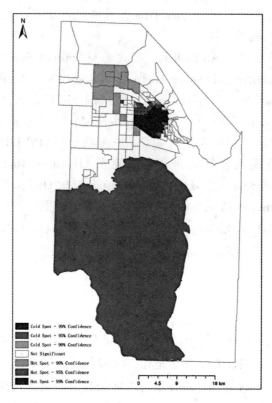

图5-4　美国爱达荷州阿达县拉丁裔人口热点分析

（1）启动 ArcMap，添加"prefectures.shp""prefectures.xls"到"Layer"，请读者参照第三章案例的实验步骤2，使用 Join Data 工具将空间数据 prefectures.shp 和外接属性数据 prefectures.xls 进行连接。

（2）在菜单栏上打开 ArcToolbox，依次选择"Spatial Statistics Tools"→"Mapping Clusters"，双击"Hot Spot Analysis（Getis-Ord Gi＊）"，打开对话框，"Input Feature Class"设置为"prefectures"，"Input Field"设置为"Sheet1＄.POP"，将"Output Feature Class"命名为"hotspot.shp"。"Conceptualization of Spatial Relationships"定义生成空间权重的方式，一般默认为"INVERSE_DISTANCE"，若选择反距离或反距离平方，需要在"Distance Band or Threshold Distance（optional）"输入570104（已在习作5-3中说明），点击"OK"，退出对话框。

（3）hotspot.shp 图层加载到 ArcMap，图层显示了 Cold Spot -99%、Cold Spot -95%、Cold Spot -90%、Not Significant、Hot Spot -90%、Hot Spot -95%、Hot Spot -99%，分别显示了90%置信区、95%置信区、99%置信区间下的热点和冷点区域。可以找出人口的高值/低值聚集区。

第三节　空间回归分析

一、普通线性回归模型

假设随机变量 y 与确定性变量 x_1，x_2，$\cdots$，x_p 的普通线性回归模型(Ordinary Linear Regression，OLR) 为：

$$y = \beta_0 + \beta_1 x_1 + \beta_2 x_2 + \cdots + \beta_p x_p + \varepsilon, \quad p = 1, 2, \cdots, n \qquad (5-5)$$

式中：β_1，β_2，$\cdots$，β_p 是 p 个未知参数，为回归系数；β_0 为回归常数；y 是因变量；x_1，x_2，$\cdots$，x_p 为自变量；ε 为随机误差。

回归分析主要用于理解、建模、预测和/或解释各种复杂现象。它可帮助我们回答诸如"为什么中国有些区域发展速度很快""为什么某些城市用地扩张快"等问题。在 ArcGIS 中运行普通最小二乘法(OLS) 回归工具时，将为我们提供一组诊断，帮助我们了解自己是否拥有一个正确指定的模型；正确指定的模型往往是一个我们可以信任的模型。

☞ **习作 5-6　普通最小二乘法**

所需数据：Guangdong.shp，为广东省88个县级单元/市辖区，属性值包括 CounID(县级单元代码)、NameCoun(名称)、NameCity(所属地级市名称)、PCGDP (人均国内生产总值)、PCFAI(人均固定资产投资)、URB(城镇化率)、PCFCAU(人均实际利用外资额)、DEC(财政分权)、ELE(高程)、EDU(中学生比例，反映教育水平)。该文件投影坐标是 WGS_1984_UTM_Zone_49N。位于文件夹 ex17 内。

本习作的主要是目的是探讨影响经济发展(PCGDP 为因变量)的主要驱动因素(其他变量为自变量)。

(1) 启动 ArcMap，添加"Guangdong.shp"到"Layer"，在菜单栏上点击 "ArcToolbox"，依次选择"Spatial Statistics Tools"→"Modeling Spatial Relationship"，双击"Ordinary Least Squares"打开对话框，"Input Feature Class"选择"Guangdong"，"Unique ID Field"选择"CounID"，将"Output Feature Class"命名为"GD_OLS.shp"，"Dependent Variable"命名为"PCGDP"，"Explanatory Variables"勾选"PCFAI、URB、PCFCAU、DEC、ELE、EDU"，将"Output Report File (optional)"命名为"OLS.pdf"，将"Diagnostic Output Table"(输出诊断表)命名为"OLSdiag"，点击"OK"。

(2) 在菜单栏中选择"Geoprocessing"→"Results"，右键单击"Messages"，选择 "View"查看汇总报表，或者直接打开"OLS.pdf"，也可以查看汇总报表。Adjusted R-squared(校正可决系数)为0.74，表示该模型可解释因变量中大约74%的变化，即该模型表达了大约74%的经济发展情况。

(3) 评估模型中的每一个解释变量：Coefficient(系数)、Probability(概率)、Robust_Pr(稳健概率)和 VIF(方差膨胀因子)。除了ELE(高程)，其他因素与因变量(即经济发展)为正向关系。T检验是用来评估某个解释变量是否具有统计显著性。对于具有统计显著性的概率,其旁边会带有一个星号(*),这里 URB、PCFCAU、DEC 为带星号的变量。VIF 用于测量解释变量中的冗余。一般而言,与大于 7.5 的 VIF 值关联的解释变量应逐一从回归模型中移除。从 VIF 的值来看,该模型没有冗余的解释变量。

(4)评估模型是否具有显著性。Joint F-statistic(联合 F 统计量)和 Joint Wald Statistic(联合卡方统计量)均用于检验整个模型的统计显著性。对于大小为 95% 的置信度,p 值(概率)小于 0.05 表示模型具有统计显著性。

(5)评估稳态。Koenker(BP)Statistic 是一种检验方法,用于确定模型的解释变量是否在地理空间和数据空间中都与因变量具有一致的关系。对于大小为 95% 的置信度,p 值(概率)小于 0.05,表示模型具有统计学上的显著异方差性和/或非稳态。具有统计显著性非稳态的回归模型通常很适合进行 GWR 分析。

(6)评估模型偏差。Jarque-Bera Statistic 用于指示残差(已观测/已知的因变量值减去预测/估计值)是否呈正态分布。该检验的零假设为残差呈正态分布。从 Jarque-Bera 统计值来看,该模型残差不呈正态分布。

(7)评估残差空间自相关。如习作 5-3,采用"Spatial Autocorrelation(Moran's I)"工具去检测图层"GD_OLS"的 Residual(残差)字段的空间自相关,可以看出,z-score 是 3.08,大于 1.96(95%置信区间),所以残差具有空间自相关,并不是空间随机的。高残差和/或低残差(模型偏高预计值和偏低预计值)的统计显著性聚集表明模型(指定错误)中的某个关键变量缺失了。当模型错误设定时,OLS 结果不可信。

二、地理加权回归

随着地理信息技术的不断发展,空间分析方法也有了极大的提高。英国学者 Fotheringham 等(1998)提出了地理加权回归模型(Geographical Weighted Regression,GWR)。该模型是用于研究空间关系的一种新方法,它通过将空间结构嵌入线性回归模型中,以此来探测空间关系的非平稳性。由于该方法不但简单易行,估计结果有明确的解析表示,而且得到的参数估计还能进行统计检验,因此该方法得到越来越多的研究和应用,目前已被应用于社会经济学、城市地理学、气象学、森林学等诸多学科领域。许多空间问题都应用 GWR 的方法,可以得到很好的解决,GWR 被认为是一种非常有效的揭示被观测者间的空间非平稳性和空间依赖的方法(汤庆园等,2012)。

在空间分析中,变量的观测值(数据)一般都是按照某给定的地理单元为抽样单位得到的,随着地理位置的变化,变量间的关系或者结构会发生变化,这种因地理位置的变化而引起的变量间关系或结构的变化称为空间非平稳性(Spatial Nonstationarity)。一般认为空间非平稳性至少是由以下三方面的原因引起的(Fotheringham et al.,1998):第一,随机抽样误差引起的变化,由于抽样误差一般是不可避免的,也是不可观测的,因此统计上一般只假定它服从某一分布,探索这种变化对分析数据本身的固有关系作用不大;第二,由于各地区的自然环境、人们的生活态度或习惯,以及各地的管理制度、政治和经济政策等的差异,所引起的变量间关系随地理位置的变化发生"漂移",这种变化反映了数据的本质特性,探索这种变化在空间数据的分析中是十分重要的;第三,用于分析空间数据的模型与实际不符,或者忽略了模型中应有的一些回归变量而导致的空间非平稳性。

空间非平稳性在空间数据中是普遍存在的,以空间数据的回归分析为例,因变量 y 与回归变量 x_1,x_2,…,x_n 之间的回归函数形式会随观测点地理位置的不同而发生变化,这种变化往往是很复杂的,很难用某一个特定形式的函数来描述。例如,假设 y 为房屋价格,x_1,x_2,…,x_n 为描述房屋特性的变量,比如房屋的面积、内部结构、取暖设施等。就我国而言,有无取暖设施在北方地区会对房屋的价格产生很大的影响,但在南方地区则影响较小;房屋面积每增加一个单位,在人口稠密的大城市和人口稀疏的小城市,对提高房屋价格的幅度有所不同,即空间的非平稳性体现在房屋面积、取暖设施这些回归变量的参数会随地理位置的变化而不断发生变化,准确掌握这些关系的空间非平稳性对于制定相应的政策,采取必要的措施等具有重要的现实意义(覃文忠,2007)。

由于人们在分析空间数据前,往往对这些变化的具体特点并不甚了解,如果采用通常的线性回归模型或某一特定形式的非线性回归函数来分析空间数据,一般很难得到满意的结果。因为这些全局性模型实际上在分析之前就假定了变量间的关系具有同质性(Homogeneity),掩盖了变量间关系的局部特性,所得结果也只是研究区域内的某种"平均",因此要正确探测空间数据关系的空间非平稳性,必须改进传统的分析方法。

GWR 将数据的空间位置嵌入到回归参数中,利用局部加权最小二乘方法进行逐点参数估计,其中权是回归点所在的地理空间位置到其他各观测点的地理空间位置之间距离的函数。通过分析各地理空间位置上的参数估计值随着地理空间位置的变化情况,可以非常直观地探测空间关系的非平稳性。Brundon(1996)用地理加权回归模型分析疾病的空间分布,结果发现地理加权回归模型的残差平方和比普通线性回归模型的残差平方要小得多;LeSage(1999)用地理加权回归模型分析中国 GDP 与各省贡献之间的变化,实验结果表明地理加权回归模型的估计结果能够很好地解释区域经济增长的过程;Paez(2000)用地理加权回归模型研究日本仙台市城市热岛效应的空间变化情况,研究结果表明城市温度呈现明显的空间变化;苏方林(2005)应用地理加权回归模型分析县域经济发展的空间特征,研究表明地理加权回归模型能够更好地反映经济量的空间依赖性;汤庆园等(2012)采用地理加权回归模型揭示上海小区房价的空间分异和不同影响因子的影响,并指出地理加权回归分解成局部参数估计优于 OLS 提供的全局参数估计。

GWR 是对 OLR 的扩展,将数据的地理位置嵌入到回归参数之中,表达如下:

$$y_i = \beta_{i0} + \sum_{k=1}^{p} \beta_{ik} x_{ik} + \varepsilon_i, \quad i = 1, 2, \cdots, n \tag{5-6}$$

若 $\beta_{1k} = \beta_{2k} = \cdots = \beta_{nk}$,则地理加权回归模型就是前述的 OLR。

由于 GWR 中的回归参数在每个数据采样点上都是不同的,因此,其未知参数的个数为 $n \times (p+1)$,远远大于观测个数 n。同一个回归参数 β_{ik} 在不同采样点 i 上的估计值是不同的,它反映了该参数所对应变量间的关系在研究区域内的变化情况,而 GWR 模型可以探测到这种空间关系的空间非平稳性。

采用 ArcGIS 软件进行模型设计时,全局共线性或局部共线性问题是常见的严重模型设计错误之一。要确定出现问题的位置,使用 OLS 运行模型,然后检查每个解释变量的

VIF 值。如果某些 VIF 值较大(例如，大于 7.5)，则全局多重共线性会阻止 GWR 解决问题。但局部多重共线性更有可能出现问题。在构建 GWR 模型时，避免使用空间组织哑元/二进制变量、空间聚类名目/数值变量或几乎不可能具有值的变量。

☞ **习作 5-7　地理加权回归**

所需数据：Guangdong.shp，为广东省 88 个县级单元/市辖区，同习作 5-6。

本习作的主要是目的是考虑空间非平稳性下的经济发展(PCGDP 为因变量)的主要驱动因素(其他变量为自变量)。

(1)启动 ArcMap，添加 Guangdong.shp 到 Layer，在菜单栏上点击 ArcToolbox，依次选择"Spatial Statistics Tools"→"Modeling Spatial Relationships"，双击"Exploratory Regression"，打开对话框，在"Input Features"选择"Guangdong"，"Dependeng Variable"选择"PCGDP"，"Candidate Explanatory Variables"勾选"PCFAI、URB、PCFCAU、DEC、ELE、EDU"，可以根据需要修改"Search Criteria"相关选项，这里采用默认值，点击"OK"。

(2)点击菜单栏上选择"Geoprocessing"→"Results"，右击"Messages"，选择"View"，可以检查不同自变量组合的模型(结果显示在表格"Highest Adjusted R-Squared Results")，当自变量个数为 3 时(即 URB、PCFCAU、DEC)，模型的 Adjusted R-Squared 系数为 0.74，当自变量个数增加到 4 时，模型的 Adjusted R-Squared 系数并未增加。因此，当模型自变量组合为 URB、PCFCAU、DEC 时，模型结果较优。

(3)在菜单栏上点击 ArcToolbox，依次选择"Spatial Statistics Tool"→"Modeling Spatial Relationship"，双击打开"Geographically Weighted Regression"，在"Input Features"选择"Guangdong"，"Dependent variable"选择"PCGDP"，"Explanatory variable(s)"选择"URB、PCFCAU、DEC"，将"Output Feature Class"命名为"GD_GWR"，"Kernel type"(核类型)选择"ADAPTIVE"(自适应)(带宽距离将根据输入要素类中要素的空间密度发生变化)，"Bandwidth method"(带宽方法)选择"AICc"(修正的 Akaike 信息准则)，点击"OK"。

(4)在菜单栏上选择"Geoprocessing"→"Results"，右击"Messages"，选择"View"，消息对话框中显示 GWR 汇总报表(该报表同时也显示在 GD_GWR_supp.dbf 中)。Bandwidth/Neighbors 是指用于各个局部估计的带宽或相邻点数目，并且可能是 GWR 的最重要参数。Residual Squares 指模型中的残差平方和，该值越小，GWR 模型越拟合观测数据。Effective Number 反映了拟合值的方差与系数估计值的偏差之间的折衷，与宽带的选择有关。Sigma 为残差的估计标准差，该值越小越好。AICc 是模型性能的一种度量，有助于比较不同的回归模型。考虑到模型复杂性，具有较低 AICc 值的模型将更好地拟合观测数据。R2 与 R2 Adjusted 是拟合度的一种度量，与 AICc

对比,AICc 是对模型进行比较的首选方式。

(5)OLS 模型的 AICc 值为 237.19,而 GWR 模型的 AICc 值为 210.04,因此,对于该研究问题,GWR 更为合适。

第四节 案例1:我国县域发展时空格局变化分析

一、实验目标

(1)运用标准差椭圆工具分析我国县域发展空间格局(步骤1到步骤2);
(2)分析我国县域发展时空格局的变化轨迹(步骤3)。

二、实验数据(数据位于 ex18 文件夹内)

counties.shp——面文件,全国各县域单元(市辖区/县级市/县)矢量图,包括 CountyID(县域单元行政代码)、Province(省份名称)、Prefecture(城市名称)、CountyName(县域单元名称)等属性;

County_pcgdp.dbf——属性文件,存储了全国2258个县级单元1997年到2010年的人均国内生产总值等属性。

三、实验步骤

1. 数据加载

(1)在 ArcMap 中新建一个地图文档,单击菜单栏"标准工具条"中的"Add Data",将 counties.shp、County_pcgdp.dbf 添加进 ArcMap,请读者参照第三章案例的实验步骤2,使用 Join Data 工具将空间数据 counties.shp 和外接属性数据 County_pcgdp.dbf 进行连接。

(2)双击图层"counties.shp",打开"Layer Properties"对话框,点击"Symbology"选项,在左边方形框依次点击"Quantities"→"Graduated colors",在"Fields"框"Value"处选择"PCGDP1997",点击"Classify",打开"Classification"对话框,"Method"选择"Quantile"(分位数),"Classes"选择4,点击"OK",点击"确定"。查看1997年 PCGDP 的空间分布情况。

(3)在菜单栏上点击"Insert"→"Data Frame",单击菜单栏"标准工具条"中的"Add Data",将 counties.shp 添加进 ArcMap,使用 Join Data 工具将空间数据 counties.shp 和外接属性数据 County_pcgdp.dbf 进行连接。重复步骤(2),不同的是在"Fields"框"Value"处选择"PCGDP2010",查看2010年 PCGDP 的空间分布情况,并与1997年的情况进行对比,发现经济重心向北移动。主要原因为:外商投资开始逐渐撤离珠三角地区,趋向于更具地理和政策优势的环渤海和长三角城市群;同时,东北、内蒙古、新疆等区域由于自然资源丰富、劳动力和土地成本低等优势,吸引着越来越多的国内外投资,较大程度上刺激了当地经济的发展。(该步骤也可采用复制→粘贴的快捷方式,由于该步骤所用的数据与步骤(2)是一样,可左单击"Layers"下的"counties.shp",然后右单击选中"Copy",再左单击"New Data Frame",右单击选中"Paste Layers",双击"counties.shp"图层,进入"Symbology"选项,在"Fields"框"Value"处选择"PCGDP2010"。分类方式为"Quantile","Classes"选择4。)

(4)如何将1997年和2010年经济发展的两个空间分布图显示在同一幅图中,即一图多框?每插入一个Data Frame就是一个图框,上述步骤已经产生两个图框(Layers和New Data Frame),因此,我们需要进一步调整这两个图框的范围和位置。首先,在工具栏选中"Change Layout",即 ,在"ISO(A)Page Sizes"选项中选择"ISO A4 Landscape.mxd",点击"下一步",即将出图版面改为A4横版,如图5-5所示。再继续点击"完成"。

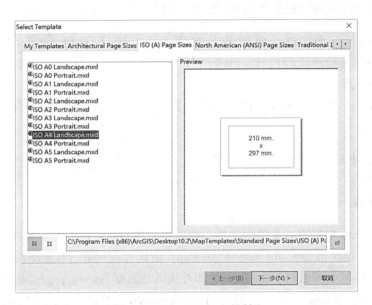

图5-5　Change Layout对话框

(5)切换到"Layout View",进入制图模式,如图5-6所示。在工具栏上点击"Select Elements" ,选中一个图框,如图5-6所示,可看到左边的Layers加粗显示,表示该图框对应的是Layers图层下的数据显示。

然后右单击选择"Properties",在"Size and Position"选项下,将"Size"的宽和高长度修改为130mm和130mm,"Position"的X和Y修改为17mm和60mm,如图5-7所示(读者可以自行修改Size和Position的设置,这里仅示例,不一定是最佳设置)。同样地,选中"New Data Frame"图框,将Size的宽和高长度修改为130mm和130mm,"Position"的X和Y修改为147mm(宽130mm+17mm)和60mm。可以看到两个图框并列呈现。

(6)接下来做图幅整饰。分别选中图框,依次插入图例、比例尺、指北针,插入文

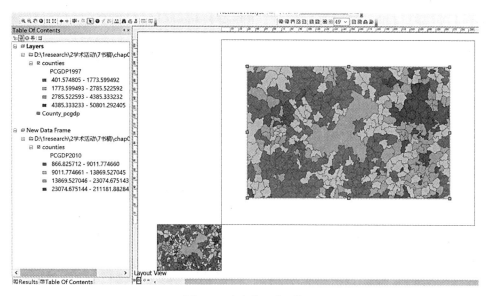

图 5-6　选中某一个图框

本,标识每幅图的年份,即 1997 年、2010 年,放置图框右上角。图幅整饰完毕后,在菜单栏"File"→"Export Map",修改图名,分辨率修改为 300dpi,导出图片。

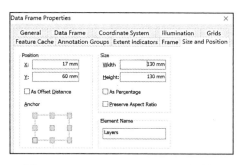

图 5-7　"Data Frame Properties"对话框

2. 生成标准差椭圆

(1)在菜单栏上点击"Insert"→"Data Frame",生成数据框"New Data Frame 2",复制"Layers"下的"counties. shp",粘贴到"New Data Frame 2"中。单击菜单栏上的 ArcToolbox,依次选择"Spatial Statistics Tools"→"Measuring Geographic Distributions",双击"Directional Distribution (Standard Deviation Ellipse)"。打开对话框,在"Input Feature Class"选择"counties",将"Output Ellipse Feature Class"命名为"Ellipse1997. shp","Ellipse Size"选择"1 _ STANDARD _ DEVIATION","Weight Field(optional)"选择"County _ pcgdp. PCGDP1997",点击"OK"。

(2)在菜单栏上选择"Geoprocessing"→"Results",双击"Directional Distribution

(Standard Deviation Ellipse)",修改"Output Ellipse Feature Class"和"Weight Field",重复步骤(4),对于其他年份的 PCGDP 属性值生成标准差椭圆,如图 5-8 所示。

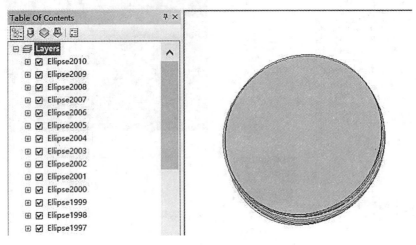

图 5-8 不同年份的标准差椭圆

(3)点击"Editor"工具栏选择"Start Editing",确认编辑"Ellipse1997",打开"Ellipse1997"图层的属性表,将"Id"列的值改为 1997(代表年份),同样修改其他年份的标准差椭圆图层,在"Editor"工具栏上选择"Save Edits",并选择"Stop Editing"。

(4)在"Table of Contents"一栏,勾选"Ellipse1997、Ellipse2000、Ellipse2005、Ellipse2010",双击图层"Ellipse1997",在左边方形框选择"Features"→"Single symbol",点击"Symbol"下的颜色色块,选择"Hollow",并修改"Outline Width"和"Outline Color",点击"OK"。采用相同的步骤修改图层"Ellipse2000、Ellipse2005、Ellipse2010"。

(5)在工具栏上点击"Go To XY",单位选择"Meters",分别打开图层"Ellipse1997、Ellipse2000、Ellipse2005、Ellipse2010"的属性表,将"Center X"的值复制粘贴到"X:"后的方框内,将 Center Y 的值复制粘贴到"Y:"后的方框内,然后点击"Add Point"。在工具栏上点击"Select Elements",双击该点打开属性对话框,点击"Change Symbol",在左边方形框选择十字架"Cross 1",修改"Size"和"Color",点击"OK"。

3. 生成经济重心轨迹图

(1)每个标准差椭圆图层,如 Ellipse1997,打开其属性表,均可计算出衡量空间格局的 5 个指标,请读者自行计算,并分析这五个指标的时间序列变化,从而判断我国县域经济发展空间格局的变化规律。

(2)新建一个 Blank Map,将 Ellipse.shp、Ellipse1997.shp、Ellipse1998.shp、…、Ellipse2010.shp 等图层加载进来。在"Editor"工具栏上点击"Start Editing",鼠标左键拉框选中所有的标准差椭圆,右击"Copy",然后右击"Paste",确认"Target"(目标图层)为"Ellipse.shp",点击"OK",如图 5-9 所示。在"Editor"工具栏上点击"Save Edits",然后点

击"Stop Editing"。

图 5-9 图层要素合并

FID	Shape *	Id	CenterX	CenterY	XStdDist	YStdDis	Rotation
1	Polygon	1997	3746769.	3565345	1033362.	1161244.	27.535749
2	Polygon	1998	3732859.	3571002	1056860.	1181623.	35.92062
3	Polygon	1999	3730411.	3571597	1074487.	1182020.	38.275691
4	Polygon	2000	3732431.	3572297	1083743.	1156131.	36.669004
5	Polygon	2001	3729002.	3579013	1093193.	1155024.	43.484108
6	Polygon	2002	3728914.	3585837	1089293.	1151517.	47.143401
7	Polygon	2003	3731519.	3596599	1087807.	1141686.	51.702004
8	Polygon	2004	3727111.	3610420	1081398.	1141432.	53.094412
9	Polygon	2005	3702605.	3639261	1081766.	1132084.	56.648684
10	Polygon	2006	3691051.	3641001	1083756.	1142320.	67.958787
11	Polygon	2007	3695650.	3647934	1077948.	1129900.	56.086398
12	Polygon	2008	3693572.	3664526	1080274.	1128075.	53.198172
13	Polygon	2009	3696794.	3675649	1067439.	1139639.	48.420463
14	Polygon	2010	3694615.	3685445	1075558.	1142663.	45.15739

图 5-10 Ellipse 图层属性表

（3）右击打开"Ellipse.shp"属性表，汇总了 1997—2010 年标准差椭圆各项指标的值，如图 5-10 所示。在"Table Options"下拉栏选择"Export"，将"Output table"命名为"ellipse_xy.dbf"。点击"Yes"，将生成的表格加载进 ArcMap。

（4）在菜单栏中选择"File"→"Add Data"→"Add XY Data"，ellipse_xy 为所选表格，"X Field"选择"CenterX"，"Y Field"选择"CenterY"，点击"OK"。图层"ellipse_xy Events"显示了历年标准差椭圆中心的空间位置，右击该图层选择"Data"→"Export Data"，将"Output feature class"命名为"ellipse_points.shp"，点击"OK"，如图 5-11 所示。

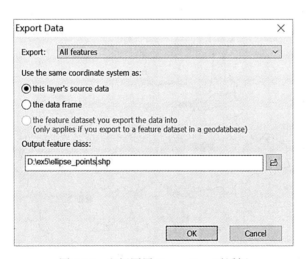

图 5-11 空间图层 Export Data 对话框

（5）在工具栏上点击"Catalog"，选中某文件夹（保存文件的路径）右击，指向"New"→"Shapefile"，在"Name"处输入"trajectory"，"Feature Type"选择"Polyline"，点击"Edit"，在"Add Coordinate System"下拉箭头下选择"Import"（图 5-12），双击"Ellipse.shp"，

117

可以看到坐标系名称为"BOCD",点击"确定",点击"OK"。

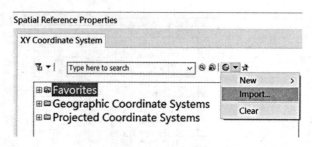

图 5-12　Import 坐标系

(6)双击"ellipse_points"图层,打开"Layer Properties",点击"Labels",勾选"Label features in this layer",确认"Label Field"为"Id",点击"确定"。

(7)在"Editor"工具栏下点击"Start Editing",并点击"Create Features",在出来的对话框中点击"trajectory",将鼠标移到标注"1997"的点上单击一下,并移往标注"1998"的点并单击,按照时间顺序,直至最后标注"2010"的点,双击该点结束线的绘制。在"Editor"工具栏下选择"Save Edits",然后"Stop Editing"。得到的该条线即为我国经济重心的移动轨迹图,如图5-13所示。

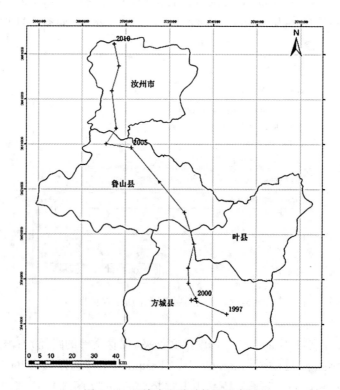

图 5-13　经济中心移动轨迹示意图

第五节 案例2：我国县域经济集聚度分析

一、实验目标

(1)运用空间自相关工具探索中国县域经济发展的空间格局[步骤1到步骤2(5)]；

(2)运用热点分析工具探讨中国县域经济发展的热点分布[步骤2(6)到步骤3]。

二、实验数据（数据位于ex18文件夹内）

counties.shp——面文件，全国各县域单元（市辖区/县级市/县）矢量图，包括CountyID（县域单元行政代码）、Province（省份名称）、Prefecture（城市名称）、CountyName（县域单元名称）等属性；

County_pcgdp.dbf——属性文件，存储了全国2258个县级单元1997—2010年的人均国内生产总值等属性。

三、实验步骤

1. 数据加载

在ArcMap中新建一个地图文档，单击菜单栏"标准工具条"中的"Add Data"，将counties.shp、County_pcgdp.dbf添加进ArcMap，请读者参照第三章案例的实验步骤2，使用Join Data工具将空间数据counties.shp和外接属性数据County_pcgdp.dbf进行连接。

2. 全局和局部空间模式

(1)找出最优的邻域搜索范围：在菜单栏上打开ArcToolbox，依次选择"Spatial Statistics Tools"→"Anayzing Patterns"，双击"Incremental Spatial Autocorrelation"，打开对话框，"Input Feature Class"设置为"counties"，"Input Field"设置为"County_pcgdp.PCGDP1997"，将"Number of Distance Bands"设置为20，在"Distance Increment (optional)"输入5000(单位为米)，点击"OK"。

(2)在菜单栏上点击"Geoprocessing"→"Results"，展开"Messages"，可以看到Max Peak (Distance、Value)：383826.18、66.230237，将"Max Peak"对应的"Distance"认为是空间自相关生成的最优邻域范围。这时，z-score为66.23，大于1.96，因此，经济发展全局上呈现出集聚模式。

(3)在菜单栏上打开ArcToolbox，依次选择"Spatial Statistics Tools"→"Mapping Clusters"，双击"Cluster and Outlier Analysis (Anselin Local Moran's I)"，打开对话框，"Input Feature Class"设置为"counties"，"Input Field"设置为"County_pcgdp.PCGDP1997"，将"Output Feature Class"命名为"local_counties97.shp"。"Conceptualization of Spatial

Relationships"选择"Inverse_Distance"(反距离),"Distance Method"选择"EUCLIDEAN_DISTANCE",在"Distance Band or Threshold Distance(optional)"输入 383826.18(已在上一步中说明),点击"OK",退出对话框。

(4)图层 local_counties97.shp 加载进 ArcMap,显示了 Not Significant、High-High Cluster、High-Low Outlier、Low-High Outlier、Low-Low Cluster 五类。请读者自行分析县域经济发展的局部集聚模式,参考习作 5-4。

(5)在菜单栏中"Insert"→"Data Frame",重复步骤(1)~(4),得出 2001 年我国县域经济发展的局部集聚模式。

(6)在菜单栏中"Insert"→"Data Frame",重复步骤(1)~(4),得出 2005 年我国县域经济发展的局部集聚模式。

(7)在菜单栏中"Insert"→"Data Frame",重复步骤(1)~(4),得出 2010 年我国县域经济发展的局部集聚模式。

(8)参考案例1"1. 数据加载"中的步骤(5)和步骤(6),进入到 Layout View 制图模式,调整每个图框的位置和大小,将 1997 年、2001 年、2005 年、2010 年我国县域经济发展的局部集聚模式整合在一幅图中,分析我国县域经济发展空间格局的时间变化。可以看出,我国集聚经济往北移动,同时在西部存在较严重的贫困集聚现象,体现了我国西部扶贫工作的艰巨性和长期性。

3. 热点分析

(1)在菜单栏选择"File"→"New",在对话框中选择"Blank Map",点击"OK",重复步骤 1,加载数据。在菜单栏上打开 ArcToolbox,依次选择"Spatial Statistics Tools"→"Mapping Clusters",双击"Hot Spot Analysis(Getis-Ord Gi*)",打开对话框,"Input Feature Class"设置为"counties","Input Field"设置为"County_pcgdp. PCGDP1997",将"Output Feature Class"命名为"hotspot_counties97.shp"。"Conceptualization of Spatial Relationships"选择"INVERSE_DISTANCE","Distance Method"选择"EUCLIDEAN_DISTANCE",在"Distance Band or Threshold Distance(optional)"输入 383826.18,点击"OK",退出对话框。

(2)重复上一小节的步骤(4)~(8),得到 1997 年、2001 年、2005 年、2010 年我国县域经济发展热点分布的 4 个数据框,调整 4 个图框的大小和位置,生成一幅图,分析我国县域经济发展热点区域的时间变化。

第六节 案例 3:我国县域经济发展驱动因素分析

一、实验目标

(1)运用 OLS 分析我国县域经济发展的驱动因素(步骤 1 到步骤 2);

(2)运用GWR分析我国县域经济发展的驱动因素,对比OLS和GWR的运行结果,分析我国县域经济发展的影响因素(步骤3)。

二、实验数据(数据位于ex18文件夹内)

counties.shp——面文件,全国各县域单元(市辖区/县级市/县)矢量图,包括CountyID(县域单元行政代码)、Province(省份名称)、Prefecture(城市名称)、CountyName(县域单元名称)等属性;

county_attr.dbf——属性文件,存储了全国2181个县级单元2008年的多个属性项,包括PCGDP(人均国内生产总值)、PCFAI(人均固定资产投资)、EDU(中学生人数比例)、Ele(平均高程)、DEC(财政分权程度)、PCFCAU(人均实际利用外资)、URB(城镇化率)。

三、实验步骤

1. 数据加载

(1)在ArcMap中新建一个地图文档,单击菜单栏"标准工具条"中的"Add Data",将counties.shp、county_attr.dbf添加进ArcMap,请读者参照第三章案例的实验步骤2,使用Join Data工具将空间数据counties.shp和外接属性数据county_attr.dbf进行连接。

2. 采用OLS进行回归分析

(1)在菜单栏上点击ArcToolbox,依次选择"Spatial Statistics Tools"→"Modeling Spatial Relationship",双击"Ordinary Least Squares",打开对话框,"Input Feature Class"选择"counties","Unique ID Field"选择"CounID",将"Output Feature Class"命名为"counties_ols.shp","Dependent Variable"命名为"county_attr.PCGDP","Explanatory Variables"勾选"PCFAI、EDU、Ele、DEC、PCFCAU、URB",如图5-14所示,点击"OK"。

(2)在菜单栏中选择"Geoprocessing"→"Results",右键单击"Messages",选择"View"查看汇总报表,OLS模型的"Adjusted R-Squared"为0.46,各变量的VIF均小于2,Joint F-statistic(联合F统计量)和Joint Wald Statistic(联合卡方统计量)显示模型具有统计显著性。Koenker(BP)Statistic表示模型具有非稳态。OLS模型的解释请参考习作5-6,具有统计显著性非稳态的回归模型通常很适合进行GWR分析。

(3)在菜单栏上点击ArcToolbox,依次选择"Spatial Statistics Tools"→"Modeling Spatial Relationships",双击"Exploratory Regression",打开对话框,"Input Features"选择"counties","Dependeng Variable"选择"county_attr.PCGDP","Candidate Explanatory Variables"勾选"PCFAI、EDU、Ele、DEC、PCFCAU、URB",可以根据需要修改"Search Criteria"相关选项,将"Maximum Number of Explanatory Variables"修改为6(对应6个自变量),点击"OK",如图5-15所示。

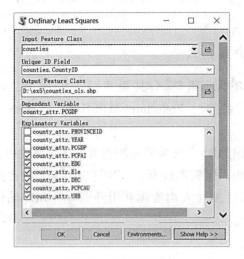 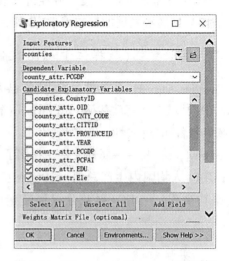

图 5-14 "OLS"对话框　　　　图 5-15 "Exploratory Regression"对话框

(4)点击菜单栏上选择"Geoprocessing"→"Results",右击"Messages",选择"View",可以检查不同自变量组合的模型,经过不同模型组合对比,当自变量个数增加为 5 个时(即 PCFAI、Ele、DEC、PCFCAU、URB),模型的"Adjusted R-squared"系数为 0.46,为最优。

3. 采用 GWR 进行回归分析

(1)在菜单栏上点击 ArcToolbox,依次选择"Spatial Statistics Tool"→"Modeling Spatial Relationship",双击打开"Geographically Weighted Regression","Input Features"选择"counties","Dependent Variable"选择"county_attr. PCGDP","Explanatory variable(s)"选择"PCFAI、Ele、DEC、PCFCAU、URB",将"Output Feature Class"命名为"counties_gwr","Kernel type"(核类型)选择"ADAPTIVE"(自适应),"Bandwidth method"(带宽方法)选择"AICc",点击"OK"。

(2)在菜单栏上选择"Geoprocessing"→"Results",右击"Messages",选择"View",消息对话框中显示 GWR 汇总报表,显示了"Neighbors"数量为 225,"Adjusted R-squared"为 0.66,AICc 值为 3290.06。

(3)OLS 模型的 AICc 值为 4227.52,而 GWR 模型的 GWR 为 3290.06,因此,对于该研究问题 GWR 更为合适。

(4)感兴趣的读者可以下载软件 GWR4,用于分析地理加权回归模型的结果。

第六章　GIS 在城市土地利用中的应用

第一节　土地利用变化

土地利用变化分析的指数方法在区域土地利用变化研究中具有重要的作用(黄端等,2017)。本实验运用的方法模型主要有土地利用转移矩阵分析、单一土地利用动态度和综合土地利用动态度。接下来将对这些方法模型进行介绍。

土地利用转移矩阵：转移矩阵可全面而又具体地刻画区域土地利用变化的结构特征与各用地类型变化的方向(朱会义,2003)。转移矩阵的数学形式为：

$$S_{ij} = \begin{pmatrix} S_{11} & S_{12} & S_{13} & \cdots & S_{1n} \\ S_{21} & S_{22} & S_{23} & \cdots & S_{2n} \\ S_{31} & S_{32} & S_{33} & \cdots & S_{3n} \\ \vdots & \vdots & \vdots & & \vdots \\ S_{n1} & S_{n2} & S_{n3} & \cdots & S_{nn} \end{pmatrix}, \quad \begin{cases} i = 1, 2, \cdots, n \\ j = 1, 2, \cdots, n \end{cases} \tag{6-1}$$

式中：S 代表面积；n 代表土地利用的类型数；i，j 分别代表研究期初与研究期末的土地利用类型。在具体应用中，通常将该矩阵用表格形式表示。

土地利用转移矩阵主要用来反映研究期初、研究期末的土地利用类型结构，同时还可以反映研究时段内各土地利用类型的转移变化情况，便于了解研究期初各类型土地的流失去向以及研究期末各土地利用类型的来源与构成。此外，转移矩阵还可以生成区域土地利用变化的转移概率矩阵，从而利用马尔柯夫随机过程分析来推测一些特定情景下(如政策影响不变)区域土地利用变化的未来趋势。

动态度：主要分为单一土地利用动态度和综合土地利用动态度。

单一土地利用动态度也被有些学者称为土地利用类型的变化率指数。单一土地利用动态度以土地利用类型的面积为基础，关注研究时段内类型面积变化的结果，模型形式为：

$$K = \frac{U_b - U_a}{U_a} \times \frac{1}{T} \times 100\% \tag{6-2}$$

式中：K 为研究时段内区域某一种土地利用类型的变化率；U_a、U_b 分别为研究时段开始与结束时该土地利用类型的面积；T 为研究时段，当设定为年时，模型结果表示该区此类土地利用类型的年变化率。单一土地利用动态度的意义在于可直观地反映类型变化的幅度与速度，也易于通过类型间的比较反映变化的类型差异，从而探测其背后的驱动因素或约束因素。由于各种用地类型或不同区域相同用地类型的面积基数不同,单一土地利用动态度高的类型只是变化快的类型,而并不一定是区域变化的主要类型,对主要类型的判断通常还要考虑变化面积的大小。

综合土地利用动态度指数综合考虑了研究时段内土地利用类型的转移,着眼于变化的过程而非变化的结果,其意义在于反映区域土地利用变化的剧烈程度,便于在不同空间尺度上找出土地利用变化的热点区域。综合土地利用动态度指数的计算公式为:

$$LC = \frac{\sum_{i=1} \Delta LU_{i-j}}{2\sum_{i=1}^{n} LU_i} \times \frac{1}{T} \times 100\% \tag{6-3}$$

式中:LU_i 为研究期初 i 类土地利用类型面积;ΔLU_{i-j} 为研究时段内 i 类土地利用类型转为非 i 类(j 类,$j=1, 2, \cdots, n$)土地利用类型的面积的绝对值;T 为研究时段,当用年表示时模型结果即为该区域此时段内土地利用的年综合变化率。综合土地利用动态度指数的意义在于可以刻画区域土地利用变化程度,也适用于局部与全区的对比以及区域之间土地利用变化的对比,以综合土地利用动态度指数为基础进行区域土地利用变化制图分析是分析与描述热点区域的一条捷径。

第二节 城市土地利用空间结构

梯度分析方法最早应用于植被生态学,研究植被群落演化和不同环境条件下植被群落的差异(Turner,2003),目前也逐渐应用于土地景观格局的研究中(吕志强等,2008;武文一等,2011)。城镇建设用地是城市土地景观格局的一个重要组成部分。本实验对研究区梯度的定义是以市/区政府为起点的等距梯度,对武汉市主城区和远城区分别建立缓冲区,利用武汉市1990年和2010年城市建设用地栅格数据,进行缓冲区分析,统计不同缓冲区的土地城镇化率(建设用地面积除以该缓冲区的面积)。对武汉市主城区建立缓冲区时,以武汉市市政府为中心,以2000m为缓冲距离向外建立10个缓冲带;对武汉市远城区建立缓冲区时,以各远城区区政府为中心,以500m为缓冲距离向外建立10个缓冲带。

城市建设用地扩展的方向性对于理解城市发展规律和科学地进行城市规划是十分重要的,通常运用方位分析法进行研究。空间方位分析是通过对比分析不同空间方位上城市建设用地的扩展差异,来反映城市空间分异特性,该方法能够从总体上显示城市建设用地扩展的空间形态,具有直观简明的优点(庞国锦,2011)。本实验以武汉市政府为中心,建立30000m的缓冲区,将缓冲区分为8个方位区域,北、西北、西、西南、南、东南、东和东北,结合武汉市2010年城市建设用地栅格数据,统计8个方位上城镇建设用地面积信息,进行武汉市主城区城镇建设用地空间分异分析。

第三节 城市景观格局

根据城市建设用地的遥感分析,运用景观指数方法,通过景观指数专业软件

FRAGSTATS 4.3 计算了 6 个时间段的城市景观指数(1990—2015 年每隔五年)。基于之前的研究,选择了 8 个具体的城市景观指数(表 6-1),涵盖景观指数的 4 个方面:面积指数包括总面积指数(TA)、图斑所占景观面积的比例(PLAND)和最大图斑指数(LPI);图斑密度与规模指数包括图斑规模中位数指数(MedPS)和图斑规模变异系数(PSCoV);边缘指数包括边缘密度指数(ED);形态指数包括面积加权平均图斑分维度(AWMPFD)和平均形态指数(MSI)。总面积指数(TA)等于城市所有图斑的面积,用于反映城市建设用地的扩张过程。图斑所占景观面积的比例(PLAND)反映某一类型的图斑占整个景观面积的比例。最大图斑指数(LPI)等于一个城市最大图斑面积占城市景观整体面积的比例,用于刻画城市图斑分布的主导性。图斑规模中位数指数(MedPS)用于测算城市图斑的总体规模水平。图斑规模变异系数(PSCoV)用于测算城市图斑的差异程度。边缘密度指数(ED)等于所有城市图斑的周长除以总面积。面积加权平均图斑分维度(AWMPFDI)用来测算城市图斑的复杂度和不规则程度,往往意味着无规划的城市用地扩张。往往一个高的分维指数意味

表 6-1 城市景观指数介绍

分类	指数	缩写	公式	描述
面积类	总面积指数	TA	$TA = \sum_{j=1}^{n} a_{ij}(1/10000)$	a_{ij} 为第 i 个单元内第 j 个图斑的面积
	图斑所占面积比例	PLAND	$PLAND = \dfrac{\sum a_{ij}}{A}(100)$	a_{ij} 为第 i 个单元内第 j 个图斑的面积;A 为单个城市所有图斑总面积
	最大图斑指数	LPI	$LPI = \dfrac{\max_{j=1}^{n}(a_{ij})}{A}(100)$	a_{ij} 为第 i 个单元内第 j 个图斑的面积;A 为单个城市所有图斑总面积
密度与规模类	图斑规模中位数指数	MedPS	$MedPS = X_{50\%}$	$X_{50\%}$ 为单个城市中位图斑面积
	图斑规模变异系数	PSCoV	$PSCoV = \dfrac{SD}{MN}(100)$	SD 为单个城市图斑规模方差;MN 为单个城市图斑平均规模
边缘类	边缘密度	ED	$ED = \dfrac{E}{A}(10000)$	E 为单个城市景观边缘总长度;A 为单个城市总面积
形态类	面积加权平均图斑分维度	AWMPFD	$AWMPFD = \sum_{i=1}^{m}\sum_{j=1}^{n}\left[\left(\dfrac{2\ln(0.25p_{ij})}{\ln(a_{ij})}\right)\left(\dfrac{a_{ij}}{A}\right)\right]$	p_{ij} 为单个图斑周长;a_{ij} 为第 i 个单位内第 j 个图斑的面积;A 为单个城市总面积
	平均形态指数	MSI	$MSI = \dfrac{\sum_{j=1}^{n}\sum_{i=1}^{m}\dfrac{0.25p_{ij}}{\sqrt{a_{ij}}}}{N}$	p_{ij} 为单个图斑周长;a_{ij} 为第 i 个单元内第 j 个图斑的面积;N 为单个城市图斑总数量

着一个更为破碎和复杂的城市形态。平均形态指数(MSI)是一个稳健的指数,用于刻画城市景观结构的复杂度,通过城市图斑的复杂度来实现。

第四节 案例1:分析武汉城市圈土地利用的时空变化

一、实验目的

(1)掌握由不同年份遥感地图数据获取武汉城市圈不同地类在该时间段内的面积变化情况和单一土地利用动态度的实验步骤[步骤1到步骤3(3)];

(2)掌握通过ArcGIS以及Excel数据透视表获取武汉城市圈土地利用转移矩阵的实验步骤[步骤3(4)和步骤4(1)];

(3)掌握获取武汉城市圈各县域综合土地利用动态度的实验步骤[步骤4(2)到步骤5(3)]。

二、实验数据(数据位于ex19文件夹内)

county.shp——面文件,武汉城市圈各县域的边界范围;
whcc2000——2000年武汉城市圈的遥感数据;
whcc2010——2010年武汉城市圈的遥感数据。

三、实验步骤

1. 数据加载

在ArcMap中新建一个地图文档,单击菜单栏"标准工具条"中"Add Data",弹出对话框,点击"连接至文件夹",选择需要加载数据的路径,并选中文件"County.shp""Whcc2000""Whcc2010",点击"Add"添加到ArcGIS中,如图6-1所示。

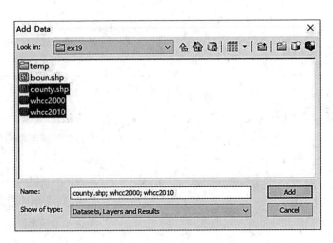

图6-1 数据添加对话框

2. 重分类

(1)对各类地块按照土地利用/土地覆盖(LUCC)分类体系进行重分类。根据土地利用变化的分类体系(LUCC),编号111-114、121-124为耕地,21-24为林地,31-33为草地,41-46为水域,51-53为建设用地,61-67为未利用土地。根据实验目的,将土地利用分类重新分类为6大类,数值1~6分别对应林地、草地、水域、建设用地、未利用地、耕地。

(2)打开ArcToolbox,找到"Spatial Analyst Tools"→"Reclass"→"Reclassify",双击打开,在"Input raster"下拉栏中选择"whcc2000",在"Reclass field"下拉栏中选择"Value",再点击"Classification"按钮,对"whcc2000"进行"Reclassify"相关操作,分类方式"Method"保持"Natural Breaks(Jenks)"不变,"Classes"调整为6,分类的节点"Break Values"按照LUCC分类体系调整为24、33、46、53、67、124六类,如图6-2所示,点击"OK"。在"Output raster"栏中选择保存位置并命名为reclass2000,再点击"OK"即可,如图6-3所示。

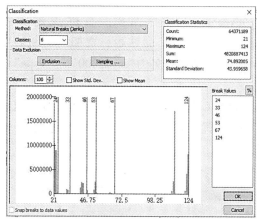 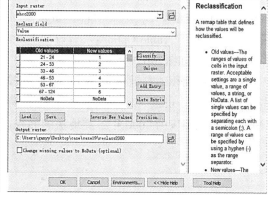

图6-2 "Classification"对话框设置图　　图6-3 "Reclassify"对话框设置

(3)参考步骤(2)对2010年土地利用图层whcc2010进行类似的操作,将分类结果命名为reclass2010。

3. 将2000年和2010年的遥感地图栅格数据转换为矢量数据并计算面积

(1)由于遥感地图是栅格数据无法直接计算面积,我们将其转换为矢量数据的面文件计算面积。打开ArcToolbox,找到"Conversion Tools"→"From Raster"→"Raster to Polygon",双击打开进行栅格文件转矢量文件的相关操作。在"Raster to Polygon"窗口中,"Input raster"下拉栏选择"reclass2000",在"Output raster"栏中选择保存位置并命名为"Polygon2000",其他保持默认设置,如图6-4所示,点击"OK"。参考此步骤,将2010年的遥感地图栅格数据也转换为矢量数据(如图6-5所示),并保存为Polygon2010。

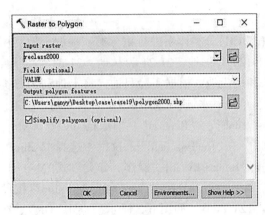
图 6-4　2000 年栅格数据转为矢量数据

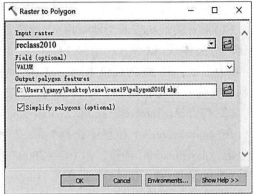
图 6-5　2010 年栅格数据转为矢量数据

（2）对得到的面文件 Polygon2000 和 Polygon2010 计算面积。右键点击图层 Polygon2000，选择"Open Attribute Table"，打开"Polygon2000"属性表。增加一个新的字段，点击左上角"Table Options"，选择"Add Field"，新字段命名为"area2000"，"Type"选择"Double"，如图 6-6 所示，点击"OK"。

（3）计算面积。右键单击"area2000"字段，选择"Calculate Geometry"，弹出对话框点击"Yes"，"Calculate Geometry"对话框保持默认设置，点击"OK"，弹出对话框点击"Yes"，得到相应的 2000 年各类地块的面积(图 6-7)。

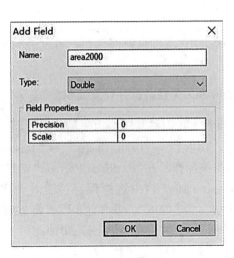
图 6-6　添加新字段

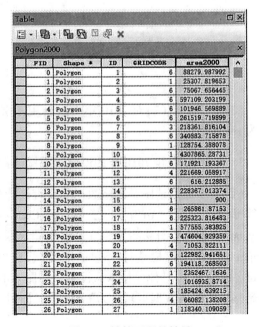
图 6-7　计算面积的结果

(4)参考步骤(2)和步骤(3),可得到2010年各类地块的面积。

4. 对不同年份的同类地块进行合并并计算面积

(1)使用 Dissolve 功能对 Polygon2000 和 Polygon2010 中同类地块的面积进行合并。找到"ArcToolbox"→"Data Management Tools"→"Generalization"→"Dissolve",双击打开。"Input Features"下拉栏选择"Polygon2000","Output Feature Class"选择输出位置并命名为"dissolve2000","Dissolve_Field(s)"勾选"GRIDCODE","Statistics Field(s)"选择"area2000","Statistics Type"选择"SUM",如图 6-8 所示,点击"OK"。打开"dissolve2000"图层属性表,可看到各类地块的面积(图 6-9)。

(2)参考步骤(1),对图层 Polygon2010 进行类似 Dissolve 操作,可获得 dissolve2010 图层。

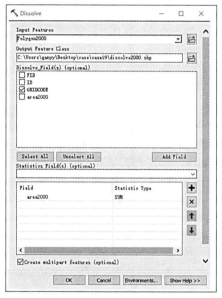

图 6-8 "Dissolve"对话框设置

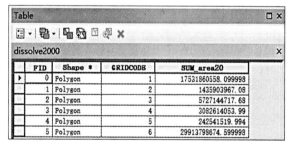

图 6-9 2010年合并后各类地块面积

5. 计算不同年份合并后的各类地块面积所占百分比

(1)右键点击图层 disslove2000,选择"Open Attribute Table",打开"disslove2000"图层的属性表。首先用"statistics"获取 6 类地块总面积,右键单击"SUM_area20",选择"statistics",复制总面积的数据(即 SUM 后的数字)。

(2)点击左上角"Table Options",选择"Add Field",新字段命名为"rate2000","Type"类型选择"Double"。右键"area2000",选择"Field Calculator"打开,出现对话框选择"Yes",输入公式"rate2000=SUM_area20/总面积"(如图 6-10 所示),点击"OK"。再右键单击"SUM_area20"字段,点击"Properties",在"Alias"后改为"area2000",点击"OK"。

(3)参考步骤(1)和(2)对2010年合并后各类地块面积进行计算(disslove2010图层)，得到area2010和rate2010。

(4)将面积和百分比的数据使用Join链接到dissolve2010图层属性表中。右键单击"dissolve2010"，打开"Joins and Relates"下的"Join"，在"Choose the field in this layer that the join will be based on"下拉栏中选择"GRIDCODE"，在"Choose the table to join to this layer, or load the table from disk"下拉栏选择"dissolve2000"，在"Choose the field in the table to base the join on"下拉栏选择"GRIDCODE"，同时"Join Options"选择"Keep only matching records"，相关操作如图6-11所示，点击"OK"，弹出新的对话框点击"Yes"。如此，2000年和2010年的面积和百分比的4个字段的数据均出现在图层dissolve2010的属性表中。

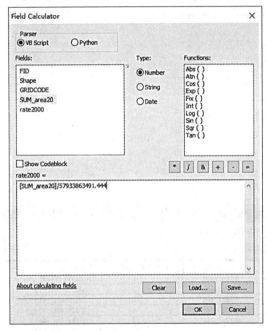

图6-10　计算面积百分比

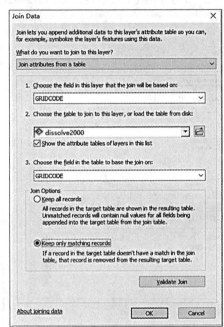

图6-11　链接相关数据

6. 计算2000—2010年各类地块的面积变化和动态度

(1)右键打开图层dissolve2010的属性表，参考步骤3(2)添加新的字段，新字段命名为"changearea"，"Type"类型选择"Double"。再次添加新的字段"dynamic"，"Type"类型选择"Double"。

(2)打开菜单栏"Editor"中的"Start Editing"，弹出的"Start Editing"对话框选择"dissolve2010"，点击"OK"，再点击"Continue"。右键选择图层"dissolve2010"属性表中的"changearea"，打开"Field Calculator"，输入计算地块面积变化的计算公式"changearea =［dissolve2010.SUM_area20］-［dissolve2000.SUM_area20］"（如图6-12所示），点击"OK"。再右键选择"dynamic"并打开"Field Calculator"，输入动态度的计算公式"dynamic

=[dissolve2010. changearea]/[dissolve2000. SUM_area20]＊1/10"（如图6-13所示），点击"OK"。计算完成之后，单击菜单栏"Editor"→"Save Edits"，再点击"Editor"→"Stop Editing"。

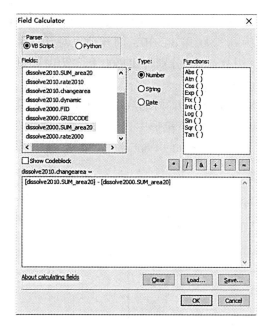

图6-12　地块面积变化计算　　　　图6-13　单一土地利用动态度计算

7. 将获得的不同地类面积及其面积占比、地类面积变化情况与动态度输出到Excel中

（1）单击dissolve2010属性表中的"Table Options"并选择"Export"，在"Export Data"对话框中保持默认设置，输出文件命名为"area.dbf"，"Save as type"选择"dBASE table"（如图6-14所示），点击"Save"，点击"OK"，弹出的对话框中选择"No"。

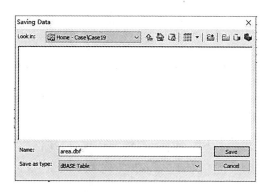

图6-14　输出属性表

(2)在文件夹中找到刚保存的 area.dbf 文件，用 Microsoft Excel 打开，我们就可以在 Excel 中看到所计算的面积、百分比、变化面积以及动态度相关数据。

8. 使用 Intersect 工具计算 2000 年到 2010 年不同地类地块的面积转化情况

(1)参考步骤 3 中将 reclass2000 和 reclass2010 转换为面文件的操作，继续对这两个栅格文件进行转换，并将转换后的文件分别命名为 dl2000 和 dl2010，同样地也对其计算地块面积(参考步骤 3)。再参考步骤 4 中的操作，用 Dissolve 分别将 dl2000 和 dl2010 中的同类地块合并，命名为 dissolved2000 和 dissolved2010。

(2)用"Intersect"工具求"dissolved2000"和"dissolved2010"两期数据的交集。点击菜单栏中的"Geoprocessing"下的"Intersect"，在"Input Feature"下拉框中选择"dissolved2000"和"dissolved2010"，输出文件命名为"intersect"。"JoinAttributes(optional)"下拉框中选择"NO_FID"，其他保持默认设置，如图 6-15 所示，点击"OK"。

图 6-15 "Intersect"对话框设置

(3)右键打开图层"intersect"的属性表，参考步骤 5(2)，添加面积字段，命名"area"。右键单击字段"area"，选择"Calculate Geometry"计算面积。

9. 使用 Excel 获取 2000 年到 2010 年土地利用转移矩阵

选择"Table Options"选项卡下的"Export"将"intersect"属性表导出为"dbf"文件，然后在 Microsoft Excel 中打开，将"SUM_area20"列和"SUM_area_1"列删掉，只保留"GRIDCODE""GRIDCODE_1"和"area"三列。在数据菜单栏，点击"插入"→"数据透视表"，弹出的对话框中，选择所需分析的数据(图 6-16)，点击"确定"。将"GRIDCODE"作为行字段，"GRIDCODE_1"作为列字段，"area"作为数据拖到相应的区域，操作如图 6-17 所示。

图 6-16 创建数据透视表

求和项:area	列标签						
行标签	1	2	3	4	5	6	总计
1	27996717384	256584733.5	31529508.76	804532759.7	809706887.2	14577015.62	29913648289
2	119010558.1	17215717356	23301423.43	33161023.66	139653446.7	945151.5579	17531788959
3	7418257.843	40839280.61	1349024689	19635820.77	18084437.34	894935.4413	1435897421
4	250394983.2	15308770.36	4784339.103	5320579761	95518357.52	40523188.4	5727109400
5	54416236.94	9406773.715	1537241.801	31689750.5	2983589828	1970794.903	3082610625
6	9900489.959	1214332.036	1668851.549	102022846	8098469.463	119635670.6	242540659.6
总计	28437857910	17539071246	1411846054	6311621962	4054651426	178546756.5	57933595354

图 6-17 数据透视表字段选择

10. 使用 Tabulate Area 工具计算各县域地块的面积

（1）利用前文步骤 1、步骤 2 获取的 reclass2000 和 reclass2010，计算武汉城市圈 2000 年和 2010 年各县域的面积。打开 ArcToolbox，找到 "Spatial Analyst Tools" → "Zonal" → "Tabulate Area"，双击打开，"Input raster or feature zone data"下拉栏中选择 "reclass2000"，"Zone field"选择 "VALUE"，"Input raster or feature class data"下拉栏中选择 "county"，"Class field"下拉栏选择 "Id"，输出文件命名为 "tabarea2000"，其他保持默认设置，如图 6-18 所示，点击 "OK"。类似地，参考该操作步骤计算出 2010 年各县域面积 tabarea2010。

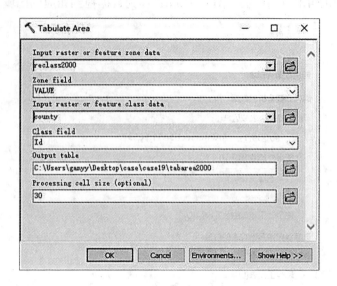

图 6-18 "Tabulate Area"对话框设置

（2）右键单击"tabarea2000-open"，ID_4、ID_8、ID_9、ID10 等表示不同的县域，下方的数值是各县域 6 种不同地类的面积，如图 6-19 所示。之后将两年的数据 tabarea2000、tabarea2010 分别输出为 dbf 文件并在 Microsoft Excel 中打开，方便做进一步的综合土地利用动态度的计算。

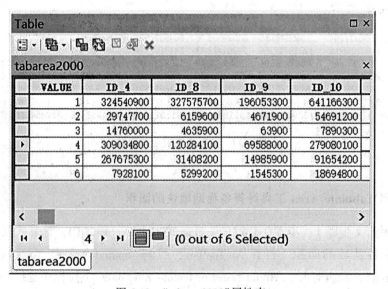

图 6-19 "tabarea2000"属性表

11. 在 Excel 中计算 2000 年到 2010 年各县域不同地类地块综合土地利用动态度

根据综合土地利用动态度的计算公式，先计算 2000 年到 2010 年每个县域不同地类面积的变化，用 2010 年土地面积减去 2000 年的地块面积，并取绝对值。对各类地块面积变化的绝对值进行求和。然后根据上文介绍的公式(6-3)：

$$LC=\frac{\text{绝对值的和}}{(\text{每类地块 2000 年的面积}\times 2)}\times\frac{1}{T}\times 100\%$$

计算出 2000—2010 年各县域的综合土地利用动态度 LC。

12. 将 Excel 中的综合土地利用动态度连接到 ArcGIS 的 county 图层中

调整计算得到的综合土地利用动态度的结果的格式，使各县域的 ID 编码与相应的土地利用动态度(LC)一一匹配(例如，ID_4 更改为 4，对应 LC 为 0. 01259)，如图 6-20 所示，保存为 lc. xls(由于版本兼容性等问题，若使用较高版本 Excel，保存类型选择 Excel 97—2003 工作簿)。在 ArcGIS 中右键单击“county”图层，选择“Joins and Relates”中的“Join”，在“Choose the field in this layer that the join will be based on”下拉栏中选择“Id”，在“Choose the table to join to this layer”，“or load the table from disk”下拉栏选择“lc. xls-Sheet1 $ ”，在“Choose the field in the table to base the join on”下拉栏选择“ID”，同时“Join Options”选择“Keep only matching records”，其他保持默认设置，点击“OK”，弹出新的对话框点击“Yes”。打开“county”属性表可以看到“Join”之后的结果，如图 6-21 所示。

	A	B
1	ID	LC
2	4	0.03050
3	8	0.03224
4	9	0.03266
5	10	0.03255
6	11	0.03252
7	12	0.03207
8	13	0.03256
9	15	0.02956
10	18	0.03003
11	19	0.03167
12	20	0.03153
13	23	0.03333
14	24	0.03189
15	25	0.03301
16	26	0.03333
17	27	0.03215
18	28	0.03191
19	29	0.03265
20	30	0.03101
21	31	0.03103

图 6-20　综合土地利用动态度计算结果

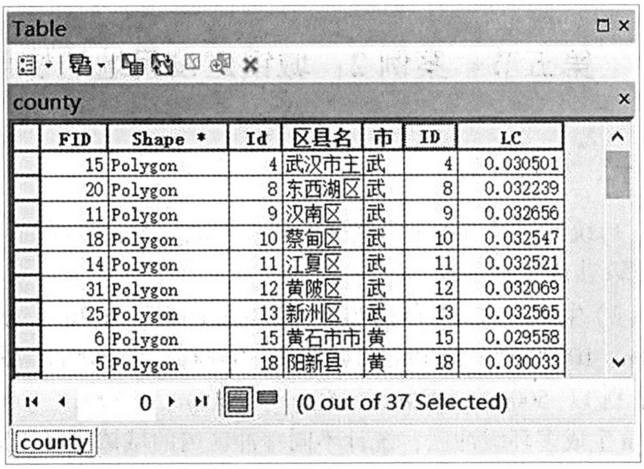

FID	Shape *	Id	区县名	市	ID	LC
15	Polygon	4	武汉市主	武	4	0.030501
20	Polygon	8	东西湖区	武	8	0.032239
11	Polygon	9	汉南区	武	9	0.032656
18	Polygon	10	蔡甸区	武	10	0.032547
14	Polygon	11	江夏区	武	11	0.032521
31	Polygon	12	黄陂区	武	12	0.032069
25	Polygon	13	新洲区	武	13	0.032565
6	Polygon	15	黄石市市	黄	15	0.029558
5	Polygon	18	阳新县	黄	18	0.030033

图 6-21　“Join”之后的“county”图层属性表

13. 综合土地利用动态度数据可视化到地图中

接下来将所得到的综合土地利用动态度展示在地图中。右键点击“county”图层，点击“Proporties”→“Symbology”，左边选择“Quantities”→“Graduated colors”，“Value”下拉栏选择"LC",其他保持默认设置(图6-22),点击"确定"。

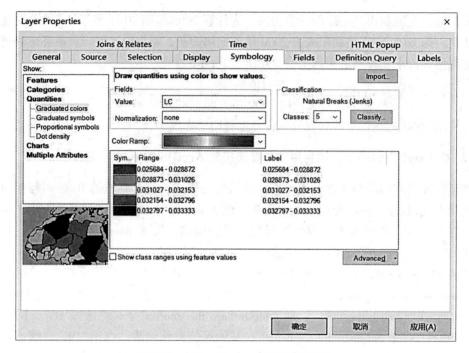

图 6-22 "Layer Properties"对话框设置

第五节 案例 2：城镇建设用地的梯度分析和方位分析

一、实验目的

(1)统计武汉市各个市辖区的建设用地情况,掌握如何对城市建设用地进行分区统计的步骤(步骤1到步骤6);

(2)生成主城区和远城区多环缓冲区,主城区分别以 2000m、4000m、6000m、8000m、10000m、12000m、14000m、16000m、18000m、20000m 生成多环缓冲区,远城区分别以 500m、1000m、1500m、2000m、2500m、3000m、3500m、4000m、4500m、5000m 生成多环缓冲区,统计不同缓冲区内的城镇建设用地情况,掌握如何对城市扩展进行梯度分析的实验步骤(步骤7到步骤13);

(3)对主城区做一个 30000m 的缓冲区圆,然后将其 8 等分,并统计不同方位内的城镇建设用地情况,掌握如何对城市扩展进行方位分析的实验步骤(步骤14到步骤22)。

二、实验数据(数据位于 ex20 文件夹内)

districts.shp——面文件,武汉市各个市辖区的边界范围;
cengovs.shp——点文件,武汉市市政府所在地;

subgovs. shp——点文件，武汉市远城区区政府所在地；

wh1990c——栅格文件，30m 分辨率，1990 年分类后的遥感影像（1 为城镇建设用地，0 为其他）；

wh2010c——栅格文件，30m 分辨率，2010 年分类后的遥感影像（1 为城镇建设用地，0 为其他）。

三、实验步骤

1. 数据加载

在 ArcMap 中新建一个地图文档，单击菜单栏"标准工具条"中的"Add Data"，弹出对话框，点击"连接至文件夹"，选择需要加载数据的路径，并添加 districts. shp、cengovs. shp、subgovs. shp、wh1990c、wh2010c（同时选中：在点击时同时按住"Shift"），如图 6-23 所示。

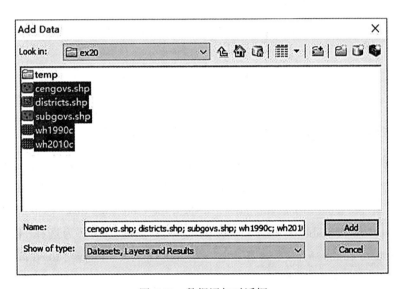

图 6-23 数据添加对话框

2. 勾选 Spatial Analyst 扩展模块

在菜单栏上点击"Customize"，单击鼠标左键，点击"Extensions"，打开"Extensions"对话框，勾选"Spatial Analyst"扩展模块。

3. 打开 Tabulate Area 对话框并设置其参数

打开 Arctoolbox，依次打开"Spatial Analyst"→"Zonal"→"Tabulate Area"，在"Input raster or feature zone data"里选择"districts"图层，"Zone field"里选择"FID"，在"Input raster or feature class data"里选择"wh1990c"，"Class field"选择"Value"，在"Output table"

中可以修改存储路径,将其保存为 ur_con_area1990 表,在"Processing cell size(optional)"里输入 30,如图 6-24 所示,点击"OK"。

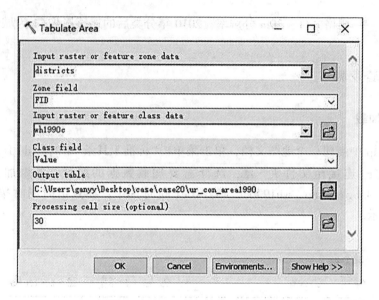

图 6-24 "Tabulate Area"对话框

4. 将生成的 ur_con_area1990 表与 districts 图层连接

选择 ur_con_area1990 表,单击右键,依次选择"Joins and Relates"→"Join",打开"Join Data"对话框,在"Choose the field in this layer that the join will be based on"栏里选择"FID","Choose the table to join this layer, or load the table from disk"栏里选择"districts","Choose the field in the table to base the join on"栏下也随之默认为选择"FID",并勾选"Show the attribute tables of layers in this list","Join Options"里选择"Keep all records",如图 6-25 所示,点击"OK"。

5. 统计武汉市 2010 年各辖区建设用地情况

参考步骤 3,对武汉市 2010 年各辖区建设用地情况也进行统计,并保存为 ur_con_area2010 表,参考步骤 4,将 ur_con_area2010 表与 districts 图层连接。

6. 计算 1990—2010 年城镇建设用地扩张面积

打开 ur_con_area1990 表(方法:选择"ur_con_area1990",单击右键,点击"Open")。点击左上角"Table Options"→"Export Data",在"Output table"选择输出位置并命名为"1990yd","Save as type"选择"dBASE Table",如图 6-26 所示,点击"Save",点击"OK",再点击"No"。类似地,打开 ur_con_area2010 表,将 2010 年建设用地面积输出。再利用

第五节 案例2：城镇建设用地的梯度分析和方位分析

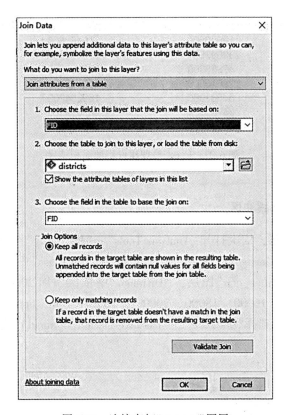

图 6-25 连接表与"districts"图层

Microsoft Excel 打开刚刚输出的 1990yd 和 2010yd 文件，整理出武汉市 1990—2010 年远城区和主城区的建设用地面积（即 VALUE_1 列的值）及其扩张情况。结果如图 6-27 所示。

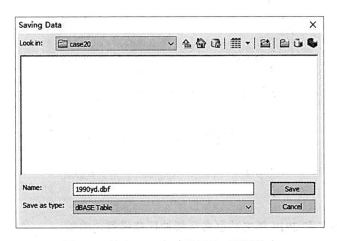

图 6-26 输出 1990 年建设用地面积属性表

所属区县	1990年建设用地面积 (m²)	2010年建设用地面积 (m²)	建设用地扩张面积 (m²)
汉南区	13698900	25482600	11783700
主城区	238693500	379410300	140716800
黄陂区	47868300	119388600	71520300
新洲区	122610600	163320300	40709700
江夏区	57681900	169234200	111552300
东西湖区	24785100	67658400	42873300
蔡甸区	53060400	128798100	75737700

图 6-27　Excel 整理建设用地面积结果

7. 生成主城区多环缓冲区

打开 ArcTool box，依次打开"Analysis Tools"→"Proximity"→"Multiple Ring Buffer"，"Input Features"中选择"cengovs"图层，在"Output Feature Class"中可以设置输出路径，此处将其输出为"multi_Buffer_cen"图层，"Distance"中依次添加 2000、4000、6000、8000、10000、12000、14000、16000、18000、20000，"Buffer Unit（optional）"选择"Meters"，"Field Name（optional）"选择"distance"，"Dissolve Option（optional）"选择"ALL"，如图6-28所示，点击"OK"。

图 6-28　"Multiple Ring Buffer"对话框设置

8. 计算 1990 年和 2010 年主城区多环缓冲区建设用地面积

同步骤 3 类似，打开 Arctoolbox，依次打开"Spatial Analyst"→"Zonal"→"Tabulate

Area",在"Input raster or feature zone data"下选择"multi_Buffer_cen"图层,"Zone field"下选择"FID",在"Input raster or feature class data"下选择"wh1990c","Class field"选择"Value",在"Output table"中可以修改存储路径,此处将其输出为"cen_multi_con_area1990"表,"Processing cell size(optional)"下输入30,点击"OK"。参考此步骤,再打开"Tabulate Area"对话框,在"Input raster or feature class data"下选择"wh2010c",计算出2010年主城区多环缓冲区建设用地面积,此处将其存为cen_multi_con_area2010表。

9. 计算1990—2010年武汉市主城区多环缓冲区建设用地扩张面积

参考步骤6,将cen_multi_con_area1990表和cen_multi_con_area2010表分别输出,在Microsoft Excel中对数据进行整理(VALUE_1列的值为建设用地面积,其中FID从0到9分别代表缓冲区从2km到20km),结果如图6-29所示。

距离(km)	1990年建设用地面积(㎡)	2010年建设用地面积(㎡)	建设用地扩张面积(㎡)
2	8032500	8061300	28800
4	26219700	30180600	3960900
6	35791200	51444000	15652800
8	41058900	61517700	20458800
10	35415900	57159000	21743100
12	31749300	59979600	28230300
14	31902300	67037400	35135100
16	25920000	70164900	44244900
18	12862800	63063900	50201100
20	7737300	40193100	32455800

图6-29 不同时期主城区不同缓冲区建设用地面积

10. 生成远城区多环缓冲区

同步骤7类似,打开ArcTool box,依次打开"Analysis Tools"→"Proximity"→"Multiple Ring Buffer","Input Features"中选择"subgovs"图层,在"Output Feature Class"中可以设置输出路径,此处输出为"multi_Buffer_sub"图层,"Distance"中依次添加500、1000、1500、2000、2500、3000、3500、4000、4500、5000,"Buffer Unit"选择"Meters","Dissolve option"选择"All",点击"OK"。

11. 炸开远城区多环缓冲区多要素

右击菜单栏空白处,调出"Editor"工具条,在"Editor"菜单栏下点击"Start Editing",选择"multi_Buffer_sub",点击"OK",点击"Continue",开始对"multi_Buffer_sub"进行编辑。在"Editor"菜单栏下点击"More Editing Tools"→"Advanced Editing",调出"Advanced Editing"工具栏,然后打开"multi_Buffer_sub"属性表,选中全部10个要素,再点击"Explode Multipart Feature"按钮,再依次点击"Editor"下的"Save Edits"和"Stop Editing"。远城区多环缓冲区由10个要素被炸开为60个要素(可打开Multi_Buffer_sub属性表:右击"Multi_Buffer_sub",点击"Open Attribute Table",如图6-30所示)。

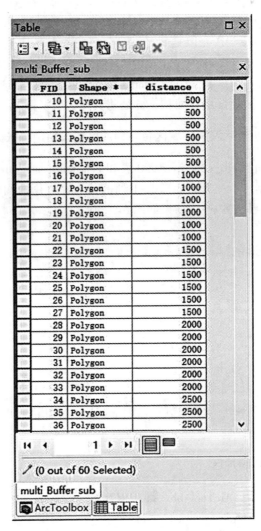

图 6-30　远城区多环缓冲区(60 个要素)

12. 给远城区多环缓冲区各要素命名

(1)打开"Multi_Buffer_sub"属性表,点击"Table Options"下拉选项,选择"Add Field",打开"Add Field"对话框,新建一个文本字段"region",在"Name"栏后输入"region","Type"下拉选项中选择"Text",在"Field Properties"中将"Length"设置为 20,点击"OK",如图 6-31 所示。

(2)点击"Multi_Buffer_sub"图层,单击右键,选择"Selection"→"Make This The Only Selectable Layer",然后选择工具栏里的"select features"按钮。

(3)选择各区域缓冲区(图 6-32),在属性表中,对选中的缓冲区单击右键,选择"Field Calculator",点击"Yes",打开"Field Calculator"对话框,利用"Field Calculator"输

第五节 案例2：城镇建设用地的梯度分析和方位分析

图 6-31 添加字段

入要素所属区域名称。譬如缓冲区对应的为黄陂区，则在"Field Calculator"对话框中，在"region ="栏里输入"黄陂区"。依次将各区域缓冲区选中，输入区域名称，如图 6-33 所示。

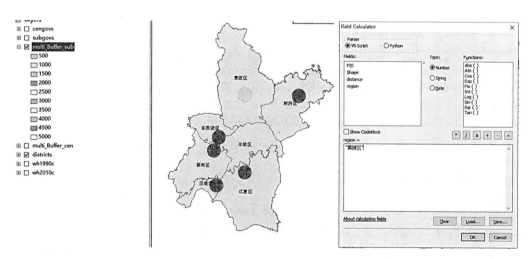

图 6-32 选中缓冲区　　　　　　　图 6-33 "Field Calculator"对话框设置

13. 打开 Tabulate Area 对话框并设置其参数

同步骤 3 类似，打开 Arctoolbox，依次打开"Spatial Analyst"→"Zonal"→"Tabulate Area"，在"Input raster or feature zone data"下选择"Multi_Buffer_sub"图层，"Zone field"下选择"FID"，在"Input raster or feature class data"下选择"wh2010c"，"Class field"选择

143

"Value",在"Output table"中可以修改存储路径,此处将其输出为 sub_multi_con_area2010 表,在"Processing cell size(optional)"中输入 30,点击"OK"。

14. 将 sub_multi_con_area2010 表与 Multi_Buffer_sub 图层连接

同步骤 4 类似,选择 sub_multi_con_area2010 表,单击右键,依次选择"Joins and Relates"→"Join",打开"Join Data"对话框,在"Choose the field in this layer that the join will be based on"栏里选择"FID","Choose the table to join this layer, or load the table from disk"栏里选择"Multi_Buffer_sub","Choose the field in the table to base the join on"栏下也随之默认为选择"FID",并勾选"Show the attribute tables of layers in this list","Join Options"里选择"Keep all records",点击"OK"。

15. 整理 2010 年远城区多环缓冲区建设用地面积结果

参考步骤 6,打开 sub_multi_con_area2010 表,将其输出,并用 Microsoft Excel 进行整理,结果如图 6-34 所示。

距离(m)	黄陂区	新洲区	东西湖区	蔡甸区	江夏区	汉南区
500	701100	788400	784800	74700	396900	602100
1000	1496700	2229300	2358900	179100	471600	1147500
1500	2805300	2470500	3474000	106200	1203300	1254600
2000	1928700	1884600	2941200	564300	1758600	1481400
2500	1628100	1179000	3231000	854100	2474100	1537200
3000	989100	1223100	3876300	1039500	2791800	1211400
3500	603000	1320300	3219300	1257300	4435200	1188000
4000	885600	1486800	3321900	821700	4424400	1250100
4500	1118700	1153800	3058200	1437300	3195000	864900
5000	621900	1772100	3357000	2099700	3502800	1312200

图 6-34 2010 年武汉市远城区不同缓冲区建设用地面积

16. 生成主城区缓冲区

打开 ArcTool box,依次打开"Analysis Tools"→"Proximity"→"Buffer",在"Input Features"下选择"cengovs","Output Feature Class"中可以修改存储路径,此处输出为"Buffer_cen"图层,"Distance"下选择"Linear unit",并输入 30000,单位选择"Meters","Dissolve Type(optional)"中选择"NONE",如图 6-35 所示,点击"OK"。

17. 生成 Buffer_cen 线图层

打开 ArcToolBox,依次点击"Data Management Tools"→"Features"→"Feature To Line",打开"Feature To Line"对话框,在"Input Features"中输入"Buffer_cen"图层,在"Output Feature Class"中可以修改存储路径,此处将其输出为"Buffer_cen_line"图层,勾选"Preserve attributes(optional)",如图 6-36 所示,点击"OK"。

第五节 案例2：城镇建设用地的梯度分析和方位分析

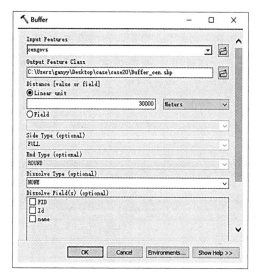

图6-35 "Buffer"对话框

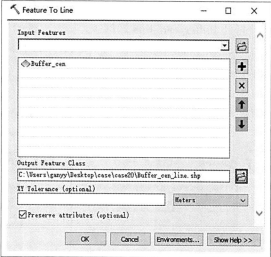

图6-36 "Feature To Line"对话框

18.16 等分缓冲区圆线图层

点击菜单栏的"Editor"→"Start Editing"，选择"Buffer_cen_line"线图层，开始编辑该图层。选中"Buffer_cen_line"线图层，点击"Editor"菜单栏下的"Split"，打开"Split"对话框，在"Split Options"中勾选"Into Equal Parts"，并在其后输入16，如图6-37所示，点击"OK"。圆周被分为16段圆弧。

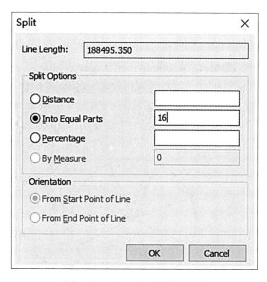

图6-37 "Split"对话框设置

145

19. 将 16 等分圆线图层合并为 8 等分

打开 Buffer_cen_line 属性表（方法：鼠标放在"Buffer_cen_line"图层上，单击右键，选择"Open Attribute Table"）。选中"FID"为 2 和 3 要素，保证处于编辑状态，选择"Editor"菜单栏下的"Merge"，打开"Merge"对话框，如图 6-38 所示，点击"OK"。再选中"FID"为 4 和 5 要素，同样选择"Editor"菜单栏下的"Merge"，点击"OK"，依此类推，最后选中"FID"为 16 和 0 要素，合并，如图 6-39 所示。

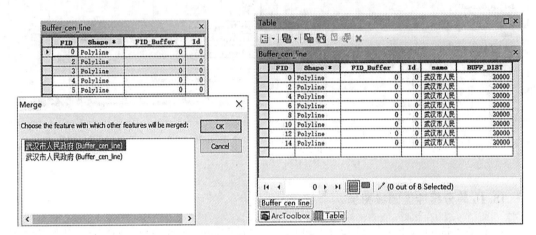

图 6-38　Merge 要素　　　　　　　　图 6-39　合并后结果

20. 连接中心点与各端点

单击"Editor"菜单下的"Snapping"，打开"Snapping"工具栏，选择"Point Snapping"和"End Snapping"，以使软件能够自动寻找到各圆弧的起点和终点，以免连错。在"Editor"菜单栏下依次选择"Editing Windows"→"Creat Features"，打开"Create Feature"对话框。点击"Buffer_cen_line"图层，将中心点依次与各端点相连。连接好后点击"Editor"菜单栏下"Save Edits"，保存编辑，然后再点击"Editor"菜单栏下"Stop Editing"，停止编辑，结果如图 6-40 所示。

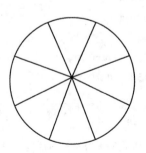

图 6-40　连接后结果

21. 将圆线图层转化为多边形图层

打开 ArcToolbox，依次点击"Data Management Tools"→"Features"→"Feature To Polygon"，打开"Feature To Polygon"对话框，在"Input Features"中选择"Buffer_cen_line"线图层，在"Output Feature Class"中设置保存路径，此处输出为"polygon"图层，勾选"Preserve attributes(optional)"，如图 6-41 所示，点击"OK"。

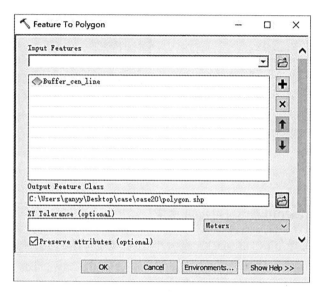

图 6-41 "Feature To Polygon"对话框设置框

22. 给 polygon 图层各要素进行方位命名

(1)参考步骤 12(1)，打开"polygon"属性表，建立一个新的文本字段"direction"，在"Name"栏后输入"direction"，"Type"栏后选择"Text"，"Field Properties"中"Length"后输入 20，点击"OK"。

(2)选中某个要素，比如选中 FID 值为 0 的要素，观察所指 polygon 图层方位，单击右键，打开"Field Calculator"对话框，在"direction ="栏里输入"西南"，点击"OK"。类似地，依次将各要素进行方位命名，结果如图 6-42 所示。

23. 打开 Tabulate Area 对话框并设置其参数

参考步骤 3，打开 ArcToolbox，依次点击"Spatial Analyst Tools"→"Zonal"→"Tabulate Area"，打开"Tabulate Area"对话框，"Input raster or feature zone data"中输入"polygon"图层，"Zone field"中选择"FID"，"Input raster or feature class data"中选择"wh2010c"图层，"Class field"中选择"Value"，"Output table"中修改存储路径，此处输出为"dire_area2010"，"Processing cell size(optional)"中输入 30，点击"OK"。

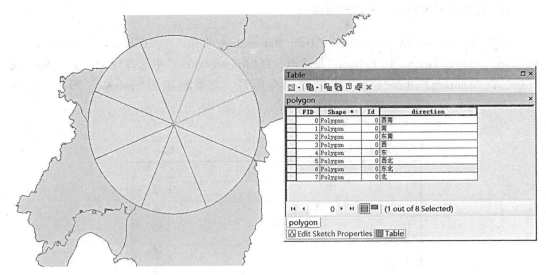

图 6-42　给各方位命名

24. 连接 dire_area2010 表和 polygon 图层

参考步骤 4，选择 dire_area2010 表，单击右键，依次选择"Joins and Relates"→"Join"，打开"Join Data"对话框，在"Choose the field in this layer that the join will be based on"栏里选择"FID"，"Choose the table to join this layer, or load the table from disk"栏里选择"polygon"，"Choose the field in the table to base the join on"栏下也随之默认为选择"FID"，并勾选"Show the attribute tables of layers in this list"，"Join Options"里选择"Keep all records"，点击"OK"。

25. 整理方位分析结果

打开 dire_area2010 表（方法：选择该表，单击右键，选择"Open"），参考步骤 6，将该表输出，在 Microsoft Excel 中打开，经整理，相关结果如图 6-43 所示。

direction	2010年主城区建设用地面积（m²）
西南	114299100
南	102891600
东南	129852000
西	107146800
东	73109700
西北	59438700
东北	73986300
北	67571100

图 6-43　整理后结果

第六节 案例3：城市建设用地的生态适宜性分析

一、实验目的

(1)掌握由现有河流、道路、工业园矢量数据生成距离栅格的实验步骤(步骤1到步骤5)；

(2)掌握根据土地利用栅格数据生成土地开发潜力栅格的实验步骤(步骤6到步骤10)；

(3)掌握根据距离栅格重分类获得单项评价栅格的实验步骤(步骤11到步骤12)；

(4)掌握根据栅格叠合结果进行综合评价的实验步骤(步骤13到步骤16)。

二、实验数据(数据位于ex21文件夹内)

road.shp——线文件，江夏区的路网；
jiedao.shp——面文件，江夏区的街道范围；
rivers.shp——面文件，江夏区的河流范围；
industry.shp——点文件，江夏区的工业园范围；
boun.shp——面文件，江夏区的边界范围；
whu2010——面文件，武汉市江夏区2010年的土地利用数据(分辨率30m×30m)；
LUCC分类体系——土地利用现状分类表。

三、实验步骤

1. 设置建设用地的选址条件

综合考虑武汉市的城市发展目标、城市用地现状及城市建设中的问题，参考黄小芳(2011)的文献，设置建设用地的选址条件如下：

(1)建设用地不能部署在靠近水域的区域，距离水域的500m范围内不适宜建设；

(2)建设用地适宜部署在靠近路网500m处，按离路网的距离500m、1500m、10000m、40000m，将土地分为适宜、较适宜、较不适宜、不适宜；

(3)按土地开发潜力(即可利用土地面积占全部土地面积之比)0.2、0.5、0.7、1.0，将土地分为不适宜、较不适宜、较适宜、适宜；

(4)按离工业园的距离500m、1500m、10000m、40000m，将土地分为适宜、较适宜、较不适宜、不适宜。

2. 数据加载

在ArcMap中新建一个地图文档，单击菜单栏"标准工具条"中的"Add Data"，弹出对话框，点击"连接至文件夹"，选择需要加载数据的路径，并添加"road.shp、jiedao.shp、rivers.shp、industry.shp、boun.shp、whu2010"(同时选中：在点击时同时按住

"Shift"），如图 6-44 所示。

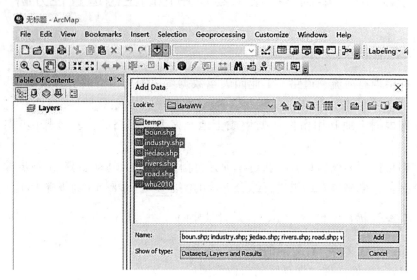

图 6-44 数据添加对话框

3. 勾选 Spatial Analyst 扩展模块

在菜单栏上点击"Customize"→"Extensions"，勾选"Spatial Analyst"扩展模块，如图 6-45 所示。

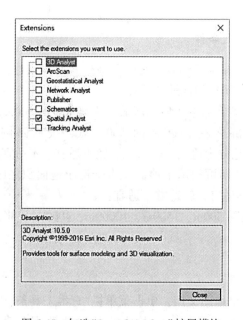

图 6-45 勾选"Spatial Analyst"扩展模块

4. 运行环境设置

在菜单栏上点击"Geoprocessing"→"Environment Settings",在"Current Workspace"中设置当前工作空间"D：\ 2018-10 \ results \ temp",在"Scratch Workspace"中设置临时工作空间"D：\ 2018-10 \ results \ temp",如图 6-46 所示,在"Processing Extent"→"Extent"中选择"Same as layer boun",在"Raster Analyst"→"Cell Size"中选择"same as layer whu2010",在"Raster Analyst"→"Mask"中选择"boun"。注意:由于之后生成的数据为栅格数据,要对环境进行设置。

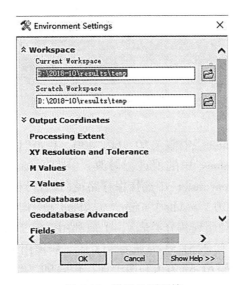

图 6-46　设置地图环境

5. 生成河流、道路、工业园的距离栅格

打开 ArcToolbox 工具箱，执行命令"Spatial Analyst Tools"→"Distance"→"Euclidean Distance",打开"Euclidean Distance"对话框,在"Input raster or feature source data"中选择"road",在"Output distance raster"中选择保存路径并命名为"road"(读者可根据需要自行设置,本文保存路径分别设置为"D：\ 2018-10 \ results \ temp \ road"),"Output cell size (optional)"选择 30,操作步骤如图 6-47 所示,点击"OK",生成道路的距离栅格。参考此步骤,在"Euclidean Distance"对话框中,在"Input raster or feature source data"中再次分别选择"rivers"和"industry",生成河流和工业园的距离栅格,并保存为"rivers"和"industry"。

6. 重分类出有开发潜力的土地

打开 ArcToolbox 工具箱，执行命令"Spatial Analyst Tools"→"Reclass"→"Reclassify",打开"Reclassify"对话框,在"Input raster"中选择土地利用分类图层"whu2010",在"Reclass field"中选择"VALUE",点击"Classify",在"Classification"中

图 6-47　道路距离栅格的设置对话框

"Classes"选择 3，"Break Values"中输入 50，60，130，点击"OK"，完成设置，操作步骤如图 6-48 所示。将"New values"中的值进行修改，"Old values"的 21-50、50-60、60-130 分别对应 1、0、1。在"Output raster"中选择保存路径(读者可根据需要自行设置，本文保存路径设置为"D：\ 2018-10 \ results \ temp \ availand. tif")，操作步骤如图 6-49 所示。根据 LUCC 分类体系(土地利用现状分类表)，土地利用代码 21-24 为林地，代码 31-33 为草地，代码 41-46 为水域，代码 51-53 为城乡、工矿、居民用地(包括城镇用地、农村居民点、其他建设用地)，代码 61-67 为未利用土地，代码 99 为海洋，代码 111-114 为水田，代码 121-124 为旱地。根据实验目的，将土地使用分类重新分类为 2 大类：50-60 为已有的建设用地，将其设为 0；其他为可利用的土地，设为 1。

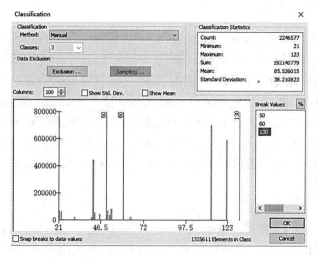

图 6-48　"Classification"对话框

图 6-49　"Reclassify"对话框

7. 按街道划分有开发潜力的土地

在 ArcToolbox 中,执行命令"Spatial Analyst Tools"→"Zonal"→"Tabulate Area",打开"Tabulate Area"对话框,在"Input raster or feature zone data"中选择"jiedao"图层,在"Zone field"中选择"FID",在"Input raster or feature class data"中选择"availand. tif","Class field"中选择"Value","Output table"中选择保存路径(读者可根据需要自行设置,本文保存路径设置为"D:\2018-10\results\temp\T_availand"),"Processing cell size (optional)"中选择 30,如图 6-50 所示,点击"OK",完成该操作,计算出各街道有开发潜力的土地矢量数据。

图 6-50 "Tabulate Area"对话框

8. 连接各街道有开发潜力的土地矢量数据与街道图层

将生成的表 T_availand 与图层 jiedao 连接,如图 6-51 所示,选中"jiedao"图层,单击右键,选择"Joins and Relates"→"Join",在"Join Data"中进行编辑,在"Choose the field in this layer that the join will be based on"中选择"FID",在"Choose the table to join to this layer, or load the table from disk"中选择表格"T_availand",在"Choose the field in the table to base the join on"中选择"FID","Join Options"中选择"Keep all records",点击"OK"。

9. 计算各街道土地开发潜力数据

选择"jiedao"图层,右击"Open Attribute Table",打开图层"jiedao"的属性表,在属性栏中选择"Add Field",如图 6-52 所示,在"Name"中输入"landpo","Type"选择"Double",如图 6-53 所示,生成新字段"jiedao. landpo"。右键单击字段"jiedao. landpo",选择"Field Calculator",并在对话框中选"Yes",打开"Field Calculator"对话框输入公

式：[t_availand：VALUE_1] / [jiedao.area]，如图 6-54 所示，点击"OK"。选择"jiedao"图层，右击"Open Attribute Table"，打开图层"jiedao"的属性表，计算出的各街道土地开发潜力数据，如图 6-55 所示。

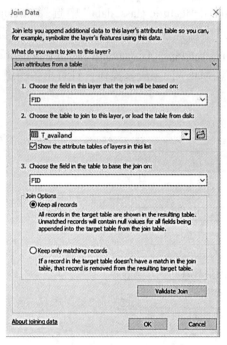

图 6-51　"Join Data"对话框

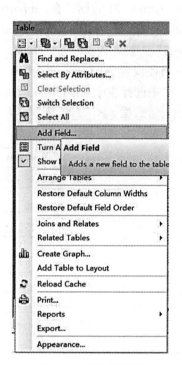

图 6-52　添加新字段

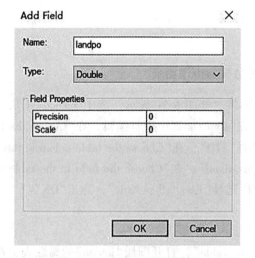

图 6-53　"Add Field"对话框

图 6-54　按街道计算土地开发潜力

Table

jiedao

	FID	Shape	所属区县	Name	area	Rowid	FID *	VALUE_0	VALUE_1	jiedao. lan
	0	Polygon ZM	江夏区	湖泗街道	87313957. 4464	1	0	5166900	82082700	. 940087
	1	Polygon ZM	江夏区	山坡街道	224468733. 108	2	1	5561100	218901600	. 975199
	2	Polygon ZM	江夏区	安山街道	128726836. 153	3	2	858600	127859400	. 993261
	3	Polygon ZM	江夏区	法泗街道	96037011. 7401	4	3	2072700	93957300	. 978345
	4	Polygon ZM	江夏区	舒安街道	105676081. 7	5	4	4158900	101411100	. 959641
▸	5	Polygon ZM	江夏区	乌龙泉街道	186409362. 186	6	5	8076600	178335900	. 956690
	6	Polygon ZM	江夏区	梁子湖风景区管	122583931. 919	7	6	2027700	120585600	. 983698
	7	Polygon ZM	江夏区	金口街道	167907424. 432	8	7	7440300	160443900	. 955550
	8	Polygon ZM	江夏区	五里界街道	44176751. 4023	9	8	1769400	42417000	. 960166
	9	Polygon ZM	江夏区	郑店街道	144680934. 504	10	9	8154900	136527300	. 943644
	10	Polygon ZM	江夏区	金港新区办事处	34829337. 4133	11	10	1546200	33296400	. 955987
	11	Polygon ZM	江夏区	滨湖街道	120678411. 773	12	11	4611600	116065800	. 961778
	12	Polygon ZM	江夏区	流芳街道	103376939. 541	13	12	4414500	98954100	. 957216
	13	Polygon ZM	江夏区	藏龙岛办事处	51480028. 573	14	13	14495400	36974700	. 718234
	14	Polygon ZM	江夏区	佛祖岭街道	52679566. 6187	15	14	23697900	28971900	. 549965
	15	Polygon ZM	江夏区	豹澥街道	92383515. 0171	16	15	8613000	83745900	. 906503
	16	Polygon ZM	江夏区	庙山办事处	64507069. 5576	17	16	22850100	41664600	. 645892
	17	Polygon ZM	江夏区	金水办事处	29411116. 0808	18	17	1327500	28089900	. 955078
	18	Polygon ZM	江夏区	大桥新区办事处	61095469. 0481	19	18	10505700	50589000	. 828032
	19	Polygon ZM	江夏区	纸坊街道	77264291. 4641	20	19	13485600	63772200	. 825377
	20	Polygon ZM	江夏区	关东街道	29854825. 7277	21	20	20477700	5960700	. 199656

6　(0 out of 21 Selected)

jiedao

图 6-55　jiedao 图层的属性表

10. 土地开发潜力矢量数据转栅格数据

打开 ArcToolbox 工具箱，执行命令"Conversion Tools"→"To Raster"→"Feature to Raster"，打开"Feature to Raster"对话框，在"Input features"中选择"jiedao"，"Field"中选择"jiedao. landpo"，"Output raster"中选择保存路径(读者可根据需要自行设置，本文保存路径分别设置为 D：\ 2018-10 \ results \ temp \ landpo. tif)，"Output cell size(optional)"中选择 30，如图 6-56 所示，点击"OK"。

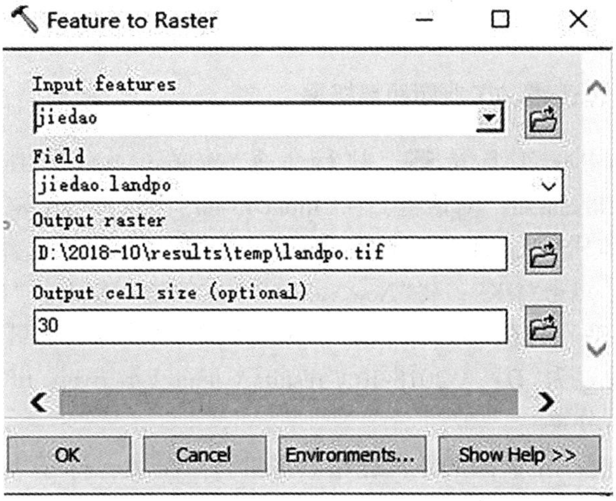

图 6-56　"Feature to Raster"对话框

11. 重分类土地开发潜力

参考步骤6，打开ArcToolbox工具箱，执行命令"Spatial Analyst Tools"→"Reclass"→"Reclassify"，打开"Reclassify"对话框，在"Input raster"中选择"landpo"，在"Reclass field"中选择"VALUE"，点击"Classify"，在"Classification"中"Classes"选择4，"Break Values"中输入0.2、0.5、0.7、1；点击"OK"，如图6-57所示。在"Output raster"中选择保存路径(读者可根据需要自行设置，本文保存路径分别设置为"D：\ 2018-10 \ results \ temp \ r_landpo. tif")，点击"OK"。

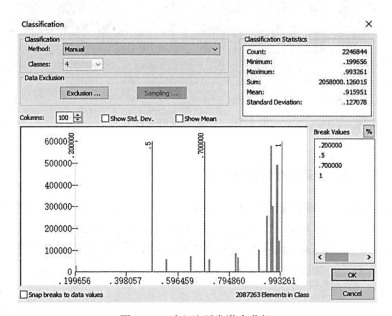

图 6-57　对土地开发潜力分级

12. 重分类河流、道路、工业园距离栅格

(1)打开 ArcToolbox 工具箱，执行命令"Spatial Analyst Tools"→"Reclass"→"Reclassify"，打开"Reclassify"对话框，在"Input raster"中选择"rivers"，在"Reclass field"中选择"VALUE"，点击"Classify"，在"Classification"中"Classes"选择2，"Break Values"中输入500、10000，点击"OK"。将"New values"中的值进行修改，"Old values"的0-500、500-10000 分别对应0、1。在"Output raster"中选择保存路径(读者可根据需要自行设置，本文保存路径分别设置为"D：\ 2018-10 \ results \ temp \ r_rivers. tif")，点击"OK"，对河流距离栅格进行重分类。

(2)类似地对道路、工业园的距离栅格数据进行重分类，打开 ArcToolbox 工具箱，执行命令"Spatial Analyst Tools"→"Reclass"→"Reclassify"，在"Input raster"中选择"road"(或者"industry")，打开"Reclassify"对话框，在"Classification"中"Classes"选择4，"Break

Values"中输入500、1500、10000、40000,点击"OK"。将"New values"中的值进行修改,"Old values"的0-500、500-1500、1500-10000、10000-40000分别对应4、3、2、1。在"Output raster"中选择保存路径为"D:\ 2018-10\ results\ temp\ r_road.tif"(或者"D:\ 2018-10\ results\ temp\ r_industry.tif"),点击"OK",对道路和工业园的距离栅格进行重分类。

13. 栅格叠合

执行"Spatial Analyst Tools"→"Map Algebra"→"Raster Calculator",打开"Raster Calculator"对话框,在计算框中输入公式:"r_industry.tif" + "r_road.tif" + "r_landpo.tif",在"Output raster"中选择"D:\ 2018-10\ results\ temp\ cal01",如图6-58所示。

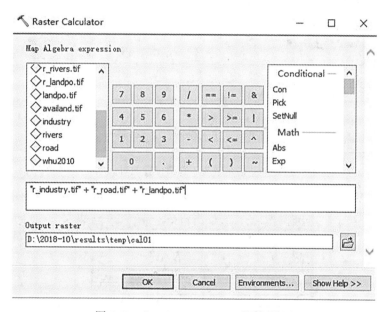

图 6-58 "Raster Calculator"对话框设置

14. 确定明显不合适的位置

执行"Spatial Analyst Tools"→"Map Algebra"→"Raster Calculator",打开"Raster Calculator"对话框,在计算框中写入公式:"cal01" * "r_rivers.tif",在"Output raster"中选择"D:\ 2018-10\ results\ temp\ cal02",如图6-59所示,点击"OK"。

15. 分类计算面积

(1)选择"cal02"图层,右击"Open Attribute Table",打开图层"cal02"的属性表,在属性栏中选择"Add Field",在"Name"中输入"sum_area","Type"选择"Double",新字段"sum_area",右击选择"Field Calculator",并在对话框中选择"Yes",打开"Field Calculator"对话框,输入公式:[COUNT] * 30 * 30,计算不同评价值的土地面积,土地

157

面积结果如图 6-60 所示。

(2)选择图层“jiedao”，右击“Properties”，打开“Layer Properties”对话框，在“Labels”→“Label Field”中选择所属区县，实验结果如图 6-61 所示。

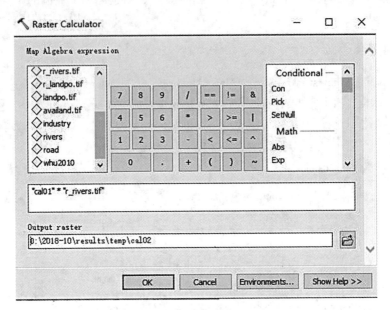

图 6-59　确定明显不合适位置的对话框

Table

cal02

Rowid	VALUE	COUNT	SUM_AREA
0	0	830031	747027900
1	6	3493	3143700
2	7	74589	67130100
3	8	263633	237269700
4	9	524122	471709800
5	10	467105	420394500
6	11	57427	51684300
7	12	26444	23799600

图 6-60　不同评价值土地面积的计算结果

16. 评价结果

评价结果显示，规划区范围内很适宜建设的地段主要分布在流芳街道、藏龙岛办事处、大桥新区办事处和乌龙泉街道。较适宜建设的地段主要分布在金港新区办事处、郑店街道、纸坊街道、五里界街道、滨湖街道、豹澥街道。基本适宜建设的地段主要分布在江夏区地东南边界地区，如湖泗街道、舒安街道、山坡街道。不适宜和很不适宜的用地在东部、西南部的山地、水源保护地区形成连续分布。武汉市江夏区的城市建设用地的布局应

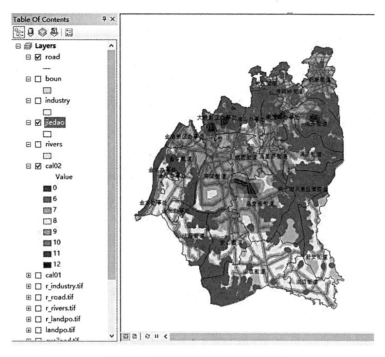

图 6-61 不同评价值土地的结果图

顺应生态系统的自然规律,才能保证城市优良的自然生态环境。在土地利用规划的用地选择上要合理安排土地开发顺序,首先控制生态敏感地段,确定不宜建设区域和适宜用地,建设用地尽量安排在适宜或较适宜建设的生态适宜性区域,避免开发活动对生态系统的严重干扰和破坏。

第七节 案例4:城市景观格局演变

一、实验目的

(1)掌握安装和导入数据的实验步骤(步骤1和步骤2);
(2)掌握设置模型和选择指数的实验步骤(步骤3到步骤4)。

二、实验数据(数据位于ex22文件夹内)

whdistrict.shp——面文件,武汉市各区;

wh1990.tif、wh1995.tif、wh2000.tif、wh2005.tif、wh2010.tif、wh2015.tif——栅格数据,武汉市1990—2015年土地利用数据(分辨率30m×30m),地类1为城市建设用地,0为非建设用地,如图6-62所示。

第六章　GIS 在城市土地利用中的应用

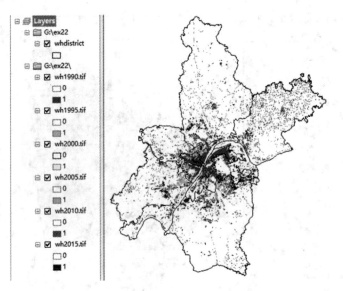

图 6-62　武汉 1990—2015 城市建设用地分布图

三、实验步骤

1. 安装 FRAGSTATS 软件

从 The Landscape Ecology Lab 的主页①下载并安装 FRAGSTATS 4.2。安装后打开软件，新建文件，界面如图 6-63 所示。

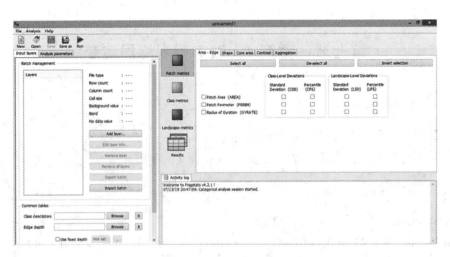

图 6-63　"FRAGSTATS"界面

---

①　http：//www.umass.edu/landeco/research/fragstats/downloads/fragstats_downloads.html.

160

第七节 案例4：城市景观格局演变

2. 导入数据

点击"Add layer"导入数据(图6-64)，选择 tif 文件格式，接着在"Dataset name"处选择导入的文件，即"wh1990.tif"(图6-65)，点击"OK"。

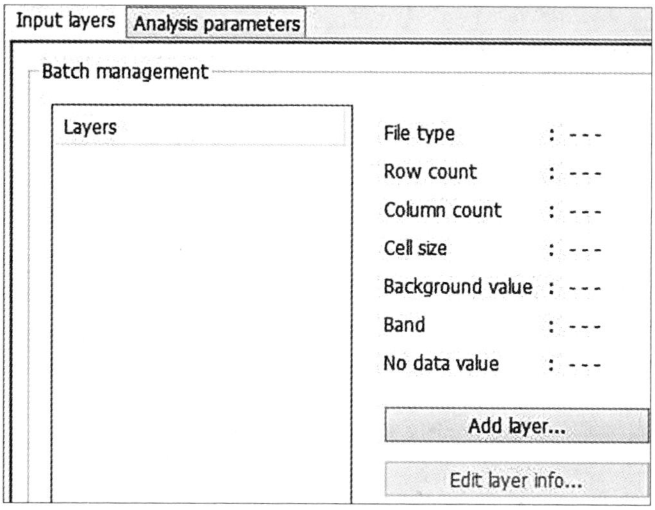

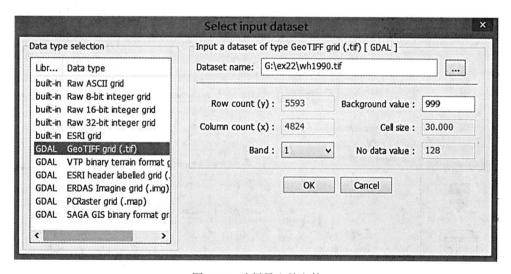

图 6-64　导入数据

图 6-65　选择导入的文件

3. 选择模型

本实验采用的数据是按地类进行了分类，计算城市景观即是其中的一类，因此选择"Class metrics"，如图6-66所示。

161

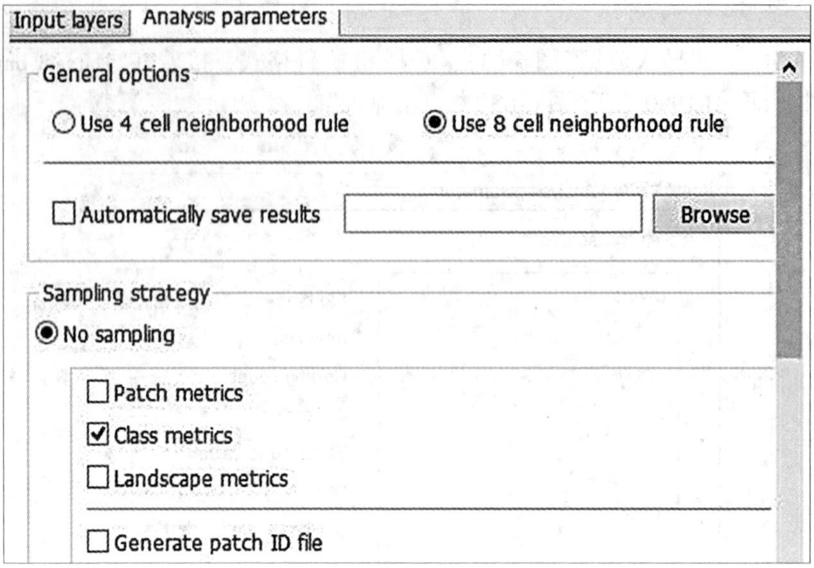

图 6-66　选择分类特征

4. 选择需要的指数

根据现有文献，本实验选取了图 6-67 所示的指数，点击 ，然后点击"Proceed"，在 Results 中可查看结果。

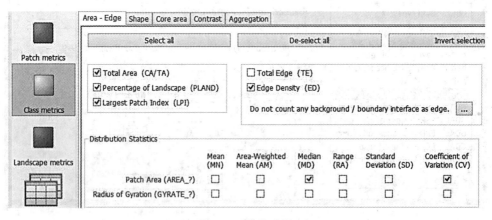

图 6-67　指数选择

5. 导出结果

计算结果如图 6-68 所示，选择"save run as"可将结果导出，城市建设用地的景观指数是 cls_1 类的结果，最后整理即可得到武汉城市景观指数年际变化统计表(表 6-2)。

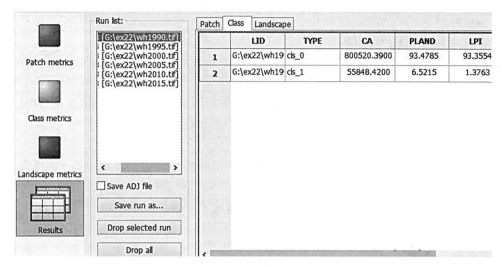

图 6-68 查看 results

表 6-2 城市景观指数年际变化统计表

年份	TA	PLAND	LPI	MedPS	PSCoV	ED	TE	AWMPFD	MSI
1990	55848.42	6.5215	1.3763	5.22	1513.9212	7.5157	6436200	1.1263	1.2970
1995	62458.20	7.2934	1.4801	5.22	1563.1471	7.5456	6461850	1.1267	1.2935
2000	66545.19	7.7706	1.5818	5.22	1493.7054	8.0998	6936450	1.1344	1.3094
2005	79361.64	9.2672	1.9583	5.31	1604.2023	8.9003	7621920	1.1482	1.3216
2010	105339.96	12.3008	2.9785	5.40	1778.1153	10.9269	9357480	1.1678	1.3922
2015	128160.45	14.9656	3.7054	5.40	1808.1993	13.1158	11231970	1.1992	1.4318

6. 武汉市城市景观格局的演变分析

城市景观指数方法是目前较为常用的城市形态量化方法。因此，本部分通过城市景观指数来量化城市景观形态的变化。城市形态可以影响城市的经济功能、效率以及城市环境对社会经济发展的影响程度。本部分将从整体市域和各城区的角度分析武汉市城镇景观格局的时空变化，解析城市空间形态的演变过程。

根据表 6-2 可以发现，1990—2015 年，武汉城镇景观格局呈现较为明显的边缘扩展趋势，在扩展的整体性增强的同时也存在复杂化、破碎化现象。在此期间，武汉城镇建设用地面积增加 129.48%，占行政区域面积的比例从 6.52% 上升至 14.97%，城市扩展趋势明显。最大图斑指数呈逐年增加，表明城镇建设用地地块的整体性增强，城镇空间扩展呈现沿边缘蔓延的态势。图斑规模中位数指数和图斑规模变异系数均表现出上升的趋势，说明城镇建设用地地块的差异性越来越大，出现破碎化和复杂化的趋势。边缘密度和总边缘数的增加反映出边缘地区的建设用地扩展。面积加权平均图斑分维度保持增加，平均形态指数在1995年略有降低后回升，反映出城镇形态的整体化趋势明显，有蔓延发展的可能。

为了更深入地理解武汉市城镇景观生态格局，本实验进一步对各区的城镇景观指数进行分析，解析区际景观的时空差异。读者请重复步骤1到步骤5，计算武汉市中心城区、新洲区、黄陂区、江夏区、汉南区、东西湖区、蔡甸区的城市景观指数，并在Excel中制作成折线图，如图6-69所示。

2005年是武汉市城镇建设用地增速加快的拐点。1990—2015年全市和各城区城镇建设用地总面积指数（TA）持续增长，其中，2005年之前增幅较为平缓，2005—2015年涨幅高于前期；且中心城区的增幅略缓于全市增幅。这表明在2005年之前，全市的土地城镇化节奏较缓，到2005—2015年步伐加快，且新增城镇建设用地主要由远城区贡献。在远城区中，黄陂区、江夏区的增幅最快，这与两区的经济开发区在这一时段建设有关，形成飞地式发展。

武汉市中心城区建设用地地块的整体性增强，边缘蔓延趋势明显。中心城区的最大图斑指数（LPI）远高于全市平均水平和各远城区，表明中心城区最大图斑面积占总面积的比例高于平均，中心城区的城镇空间呈现整体化与边缘蔓延的趋势。黄陂区是最大图斑指数最低的城区，城镇用地图斑最为破碎，城镇空间的变化多是自发性的，缺少规划的引导与管理。蔡甸区最大图斑指数在2010—2015年上升迅速，表明蔡甸区城镇空间得到了较好的管理，避免了破碎化和由此带来的土地资源低效应用，这与中法武汉生态示范城项目在此落地有关，城镇空间结构通过规划的实施与管理得到优化。

武汉市中心城区与远城区土地城镇化程度差距较大。中心城区城镇建设用地占行政区面积的比例（PLAND）在1990年仅为25%，在2005—2015年从31%上升至45%。武汉市在2005—2015年迎来了大规模的土地城镇化，城镇空间扩展迅速，不管是飞地式的开发区建设、边缘式的外扩，还是内填式的内城改造，都在空间上实现了城镇化的迅速发展。在远城区中，黄陂区的城镇建设用地比例长期以来都是最低的，2015年仅为7.17%，这主要是由于黄陂区政府所在的城关地区与中心城区距离较远，农业在产业结构中的占比较大，山地和湖泊面积大，在武汉市城镇总体规划中是发展生态农业的定位，因此空间城镇化上表现较弱。

武汉市城镇形态出现复杂和不规则的趋势。中心城区的边缘密度（ED）在研究时段内波动，体现出城市形态的复杂和不规则；各远城区的边缘密度在2005年前保持平缓，在2005年后上升较快，其中新洲区的边缘密度最高。中心城区既经历了内城建设用地内部填充的内涵式扩展，也经历了沿边缘地区蔓延的外延式扩展，因此边缘密度的变化波动大，城市形态变动复杂。新洲拥有长江航运枢纽之一的阳逻港，依托长江水运和岸线优势建设现代化港口新城，推动了城镇空间的扩展与复杂化。

武汉市中心城区与远城区的建设用地地块规模差异较大。图斑规模中位数指数（MedPS）在各时段各城区均保持平稳，图斑规模变异系数（PSCoV）出现上升趋势，在武汉全域和中心城区远高于远城区，表明远城区内部城镇建设用地图斑的差异性还是较小的，但加上中心城区后，差异性就增大了。远城区非建设用地转化为建设用地的强度整体较

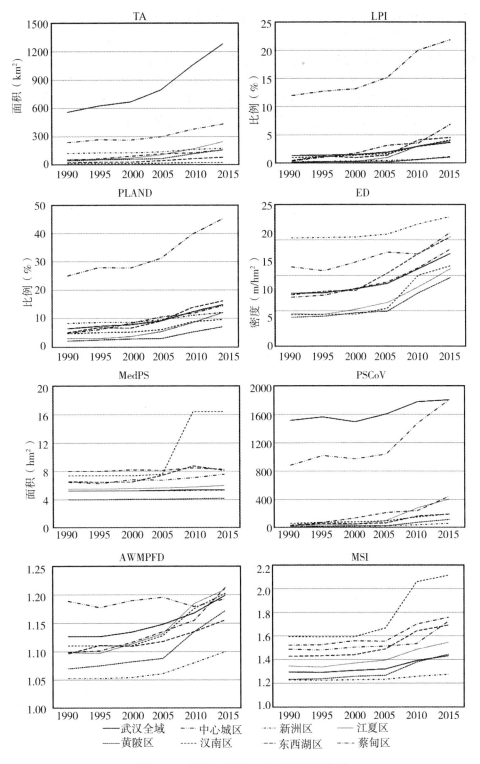

图 6-69 武汉市城镇景观格局年际变化图

弱，建设用地图斑的规模较小，因此远城区内部建设用地图斑的规模差异较小，但与中心城区建设用地图斑规模差异明显。

武汉城镇形态的整体化趋势加强。面积加权平均图斑分维度（AWMPFD）和平均形态指数（MSI）在全域和各城区均呈上升趋势，除了2005—2010年中心城区的分维度下降后又回升，这反映出武汉城镇形态的整体化趋势明显，城镇空间形态不同于碎片化，城镇建设用地有蔓延发展的可能，在武汉未来城镇空间管理中要警惕这一点。

第七章 GIS 在城市流向分析中的应用

流向图(Flow Maps)用来表示某些现象的运动,如人或物从一个地方到另一个地方。流向图主要用线符号来表示,用线的宽度来表示每个流的数量大小。广义上来说,流向图主要分为三种:射线流向图(Radial Flow Maps)、网络流向图(Network Flow Maps)和分布流向图(Distributive Flow Maps)。射线流向图是直线模式,要素和地点都是以节点形式绘制的,都是从一个作为共同的起点或终点的地方开始。网络流向图用来展示个地点之间的互联互通关系,经常被用于交通和通信行业。分布流向图用于展示商品的分布,或者是从一个起点到多个目的地流动的展示。

第一节 城市间经济联系

城市群是一个高度发达的综合城市空间形态,其目的是使内部各个城市的人口、资源、环境、社会和经济实现协调发展。在经济转型和全球化背景下,我国于 2014 年推出的《国家新型城镇化规划(2014—2020 年)》将城市群作为未来十年城镇化发展的重要空间载体;联合国人居署在《2015 世界城市报告》中也指出"世界的特大都市将向超级城市群演变"。这一趋势意味着城市群发展承载着我国实现社会主义现代化的重要任务,同时,城市群作为各国参与全球竞争和国际分工的重要地理单元,城市群发展战略需要大量的资源投入。然而,由于资源存在稀缺性,并且其分配也受到了地方竞争与政府干预的影响,这使得我国城市群的发展普遍存在资源利用低效率、城市群内部规模不均匀以及城市群之间和城市群内部的发展不平衡等问题。在此背景下,城市群城市综合竞争力评价能够反映城市群的均衡发展情况并制定合理的发展策略,而对其经济联系网络的分析则能够找出城市群内部和城市群之间竞争与合作存在的问题,促进城市群的一体化发展。

城市竞争力是指一个城市在竞争与发展过程中与其他城市相比所具有的吸引、争夺、拥有、控制和转化资源,争夺、占领和控制市场,为其居民提供福利的能力。随着研究的深入,其内涵从早期仅强调经济维度扩展到考虑人力资本、科技情况和可持续发展等多维综合概念。Porter(1990)及 OECD(2006)认为,城市生产总值及产业竞争力等经济指标是解释城市竞争力的重要方面;Kresl(1999)和 Singh(2012)将影响城市发展的经济、战略等内涵纳入城市竞争力的评价指标体系;Lucía Sáez 等(2015)则根据城市竞争力指数(UCI)从基础维度、效率维度、创新维度三方面建立了综合指标体系;Hiroo Ichikawa 等(2017)依据经济、研发、文化交流、宜居性、环境、交通 6 大领域的 70 个小项目构建了全球城市实力指数(GPCI)。随着对生态环境的重视,有学者从可持续发展角度分析城市竞争力,如 Yihong Jiang 等（2010）从可持续发展的视角，从经济、社会和环境方面考察了 2000 年中国 253 个城市的竞争力。Xiu Cheng 等（2018）应用相关分析和模糊粗糙模型计算了 2004—2014 年中国 30 个省份的绿色竞争力指数。

随着"十三五"规划将城市群协调、一体化发展作为未来城镇化发展目标，学者们对城市群的整体发展着重把握，并从经济、产业、交通、区域创新以及信息流等方面进行了一系列城市群内部的网络联系分析。这些研究对于疏散特大城市经济功能，优化城市群等级结构，引导资源合理分配具有重要的理论和现实意义。不少学者对中国城市群，如中原城市群、京津冀城市群、长江经济带等进行了竞争力和经济联系的研究，但研究对象仅限于单个城市群，缺乏从整体上对我国不同区域城市群之间的竞争力及内部经济联系进行对比分析。同时，学者们构建了不同定量模型，如引力模型、最大熵模型、空间经济城市体系动态模型等，来测算城市之间的相互作用强度。其中，基于简洁模型结构和精确模型指标的引力模型已经成为最流行的方法，具有广泛的经验应用范围。引力模型表达如下：

$$T_{ij}^C = k \frac{F_i F_j}{d_{ij}^b}, \quad i \neq j; \ i = 1, 2, \cdots, n; \ j = 1, 2, \cdots, n \tag{7-1}$$

式中：T_{ij}^C 为 i，j 城镇间的空间相互作用量；n 为城市体系内所有城市的数量；F_i 和 F_j 分别为出发地和目的地的城市质量（在以下案例中用城市 GDP 来表示）；d_{ij} 为两地间的距离；b 为衰减参数，一般取 2；重力系数 k 为常数，一般取 1。

第二节 案例 1：全球国家间的流向分析

一、实验目的

（1）掌握如何用射线流向图将中国北京和其他各国连接起来的实验步骤（步骤 1 至步骤 4）；

（2）掌握如何用符号化处理对地图进行渲染的实验步骤（步骤 5 和步骤 7）；

（3）掌握如何进行坐标系变换处理的实验步骤（步骤 6）。

二、实验数据（数据位于 ex23 文件夹内）

world_adm0_Project.shp——面文件，世界地图。

三、实验步骤

1. 数据加载

在 ArcMap 中新建一个地图文档，单击菜单栏"标准工具条"中的"Add Data"，弹出对话框，点击"连接至文件夹"，选择需要加载数据的路径，并添加"world_adm0_Project.shp"，如图 7-1 所示。制作射线流向图所需要输入的是一个表格数据（.xls，.csv，.txt，.dbf，.shp 均可以）。

第二节 案例1：全球国家间的流向分析

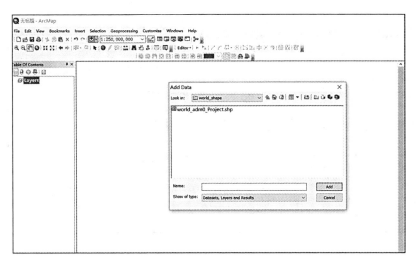

图 7-1 数据添加对话框

2. 添加出发地的经纬度

打开"world_adm0_Project.shp"的属性表，点击"Table Options"的"Add Field"，添加一个新的字段，命名为"Latitude"，"Type"类型选择"Float"，点击确定生成新字段（图 7-2）。右击"Latitude"字段的"Calculate Geometry"，将"Property"设置为"X Coordinate of Centroid"，点击"OK"，则计算得出各国的经度（图 7-3）。点击"Table Options"的"Add Field"添加一个新的字段，命名为"Longitude"，"Type"类型选择"Float"，点击"确定"生成新字段。右击"Longitude"字段的"Calculate Geometry"，将"Property"设置为"Y Coordinate of Centroid"，点击"OK"，则计算得出各国的纬度。

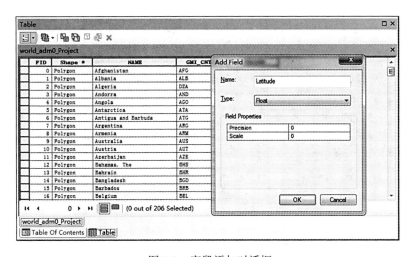

图 7-2 字段添加对话框

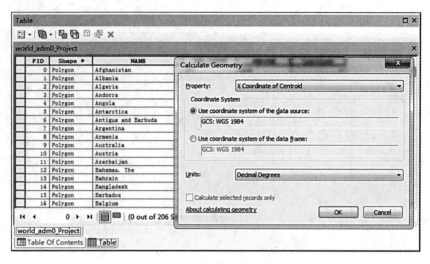

图 7-3　字段设置

3. 添加目的地的经纬度

单独设置目的地北京的经度和纬度作为新的两个字段(北京坐标：北纬 39. 9°，东经 116. 3°)。点击“Table Options”的“Add Field”，添加一个新的字段，命名为“ZGX”，“Type”类型选择“Float”，点击“确定”，生成新字段。右击“ZGX”字段的“Field Calculator”，将“ZGX =”设置为“ZGX = 116. 3”(直接在输入公式的空白处填 116. 3)，则生成北京经度字段；点击“Table Options”里的“Add Field”添加一个新的字段，命名为“ZGY”，“Type”类型选择“Float”，点击“确定”，生成新字段。右击“ZGY”字段的“Field Calculator”，将“ZGY =”设置为“ZGY = 39. 9”(直接在输入公式的空白处填 39. 9)，则生成北京纬度字段。结果如图 7-4 所示。

FID	Shape *	NAME	GMI_CNTR	REGION	Latit	Longitude	ZGX	ZXY
0	Polygon	Afghanistan	AFG	Asia	66. 026	33. 8396	116. 3	39. 9
1	Polygon	Albania	ALB	Europe	20. 064	41. 1435	116. 3	39. 9
2	Polygon	Algeria	DZA	NorthAfrica	2. 6316	28. 1626	116. 3	39. 9
3	Polygon	Andorra	AND	Europe	1. 5873	42. 5415	116. 3	39. 9
4	Polygon	Angola	AGO	Sub Saharan	17. 544	-12. 2936	116. 3	39. 9
5	Polygon	Antarctica	ATA	Antarctica	14. 890	-80. 2638	116. 3	39. 9
6	Polygon	Antigua and Barbud	ATG	Caribbean	-61. 79	17. 2779	116. 3	39. 9
7	Polygon	Argentina	ARG	Latin Americ	-65. 17	-35. 385	116. 3	39. 9
8	Polygon	Armenia	ARM	Asia	44. 948	40. 2892	116. 3	39. 9
9	Polygon	Australia	AUS	Australia	134. 48	-25. 7406	116. 3	39. 9
10	Polygon	Austria	AUT	Europe	14. 146	47. 5908	116. 3	39. 9
11	Polygon	Azerbaijan	AZE	Asia	47. 536	40. 2916	116. 3	39. 9
12	Polygon	Bahamas, The	BHS	Caribbean	-77. 35	24. 9289	116. 3	39. 9
13	Polygon	Bahrain	BHR	Asia	50. 545	26. 0235	116. 3	39. 9
14	Polygon	Bangladesh	BGD	Asia	90. 260	23. 862	116. 3	39. 9
15	Polygon	Barbados	BRB	Caribbean	-59. 56	13. 1802	116. 3	39. 9
16	Polygon	Belgium	BEL	Europe	4. 6589	50. 6413	116. 3	39. 9

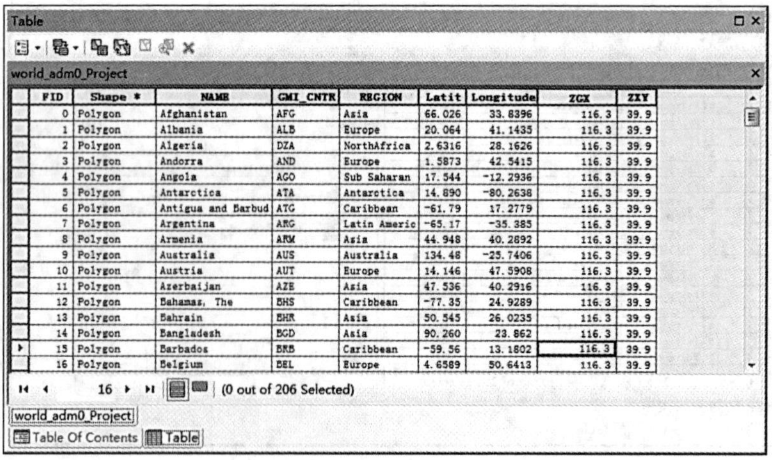

图 7-4　目的地经纬度字段设置结果

4. 流向图制作

打开 ArcToolbox 工具箱，执行命令"Data Management Tools"→"Features"→"XY To Line"，打开"XY To Line"对话框(图 7-5)，在"Input Table"选择"world_adm0_Project"，在"Output Feature Class"中选择存储路径，命名为"world_XYToLine"，在"Start X Field"选择"Latitude"，"Start Y Field"选择"Longitude"，"End X Field"选择"ZGX"，"Line Type (optional)"选择"GEODESTIC"，"ID(optional)"选择"REGION"，"Spatial Reference (optional)"选择"GCS_WGS_1984"。生成的"XY To Line"效果图如图 7-6 所示。

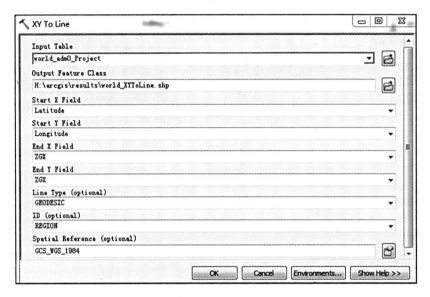

图 7-5 打开"XY to Line"对话框

对图 7-6 作如下解释。

Input Table：world_adm0_Project.shp。

Output Feature Class：H：\arcgis\results\world_XYToLine.shp(指定输出的要素名和地址)。

Start X Field：表格中的 Latitude。

Start Y Field：表格中的 Longitude。

End X Field：表格中的 ZGX。

End Y Field：表格中的 ZGY。

Line Type：GEODESIC、GREAT_CIRCLE、RHUMB_LINE 和 NORMAL_SECTION。

GEODESIC：测地线，椭球体表面上两点之间的最短连线。

GREAT_CIRCLE：大圆航线，通过两航路点间的大圆圈线(该两航路点与地心在同一平面)。

RHUMB_LINE(loxodrome line)：等角航线，是地球表面上与经线相交成相同角度的曲线在地球表面上除经线和纬线以外的等角航线，都是以极点为渐近点的螺旋曲线，在航海图（采用墨卡托投影）上又表现为直线。

NORMAL_SECTION：法截弧，A 点的法线与 B 点确定的法截面与椭球相交的弧线。

在这个应用中，测地线、大圆航线、等角航线均能近似模拟起点和终点之间的大圆弧，我们选择大地线，仅仅是因为它在投影之后比较美观。

ID(optional)：我们选择 REGION 字段（在本例中字段的值是随意指定的，REGION 表示大洲，目的是为了保留该字段，以便将来按大洲进行符号化）。给每条线创建和表格中一样的 ID，这对于后面的操作很关键。

Spatial Reference(optional)：这里选择默认的"GCS_WGS_1984"。

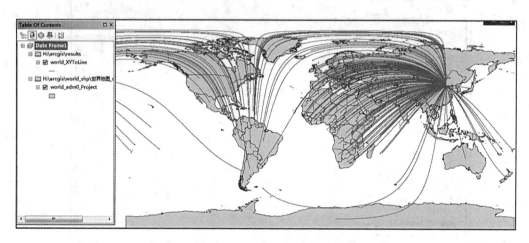

图 7-6 "XY To Line"效果图

5. 符号化处理

按大洲（REGION）做符号化处理：右击"world_XYToLine"的"Properties"，打开属性对话框，根据"Categories"的"Unique values"进行设置，点击"Add All Values"，并在"Color Ramp"中选择一种渲染方式对所有大洲都进行颜色处理，生成的符号化效果图如图 7-7 所示。

6. 坐标系变换处理

将 Data Frame 的坐标系统进行更换。右击"Data Frame1"的"Properties"打开属性对话框，点击"Coordinate System"，选中"Projected Coordinate Systems"下"World"投影中的"Vertical Perspective(world)"，将"Parameter"栏中的"Longitude_Of_Center"设置成 80，将"Latitude_Of_Center"设置成 10，将"Height"设置成 10000000，如图 7-8 所示。生成的效果如图 7-9 所示。

第二节 案例1：全球国家间的流向分析

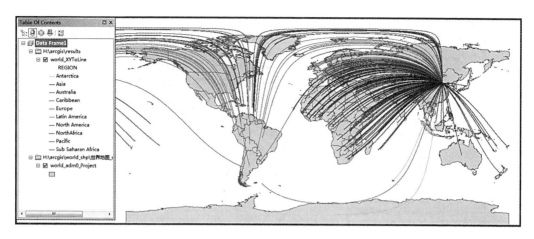

图 7-7 符号化效果

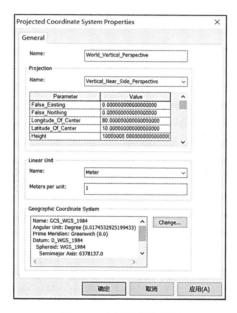

图 7-8 坐标系变换设置

7. 根据各国与中国北京连接线的长度进行地图渲染

（1）根据上图做的射线流向图计算出中国北京与各国之间连线的长度。打开"world_XYToLine.shp"的属性表，点击"Table Options"的"Add Field"，添加一个新的字段，命名为"Length"，"Type"类型选择"Float"，点击"确定"，生成新字段。右击"Length"字段的"Calculate Geometry"，将"Property"设置为"Length"，则计算出射线的长度。

（2）符号化处理：根据射线的长度将射线设置成不同的粗细。打开"world_XYToLine.shp"属性对话框，根据"Quantities"的"Graduated symbols"进行设置，在"Value"栏选择"Length"，将"Symbol Size from"设置成 0.5—2，"Classes"选择 8，"Classify"选择

173

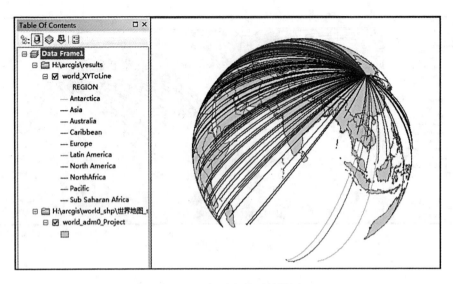

图 7-9　坐标系变换后效果图

"Manual",操作步骤如图 7-10 所示。结果如图 7-11 所示。

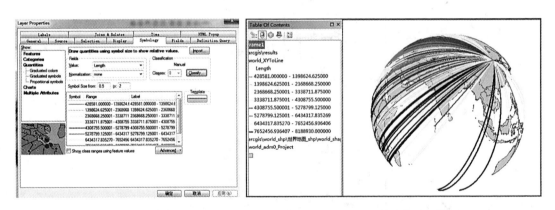

图 7-10　符号化设置　　　　　　　　图 7-11　符号化处理结果

第三节　案例 2：城市间经济联系强度分析
——以珠三角城市群为例

一、实验目的

(1)掌握在 ArcMap 中创建 OD 成本矩阵的实验步骤(步骤 1 到步骤 3)；
(2)掌握展示城市间联系或物质流强度的实验步骤(步骤 4 到步骤 5)。

二、实验数据（数据位于 ex24 文件夹内）

PRD.shp——面文件，珠三角城市群地区所包含地级市边界范围；
PRDpoints.shp——点文件，珠三角城市群所包含的地级市。

三、实验步骤

1. 数据加载

在 ArcMap 中新建一个地图文档，单击菜单栏"标准工具条"中的"Add Data"，弹出对话框，点击"连接至文件夹"，选择需要加载数据的路径，并添加"PRD.shp、PRDpoints.shp"（同时选中：在点击时同时按住"Shift"），如图 7-12 所示。

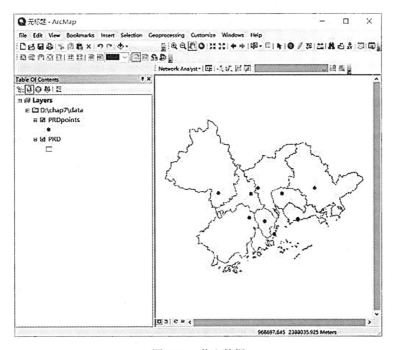

图 7-12 载入数据

2. 生成 Network

（1）打开 ArcToolbox 工具箱，执行"Data Management Tools"→"Features"→"Points to line"。"Points to line"对话框中"Input Features"选择"PRDpoints"，"Output Feature Class"选择输出文件夹并保存命名，如图 7-13 所示，结果如图 7-14 所示。

（2）单击菜单栏"标准工具条"中的"Catalog"，找到刚生成的"PRDlines"并右键单击，选择"New Network Dataset"（图 7-15），全部点击"下一步"（若"New Network Dataset"为灰色，则需要单击菜单栏"标准工具条"中的"Customize"→"Extensions"，在"Network

175

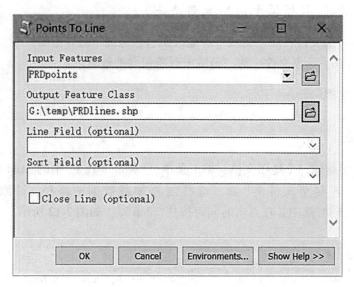

图 7-13　选择对象和存储路径

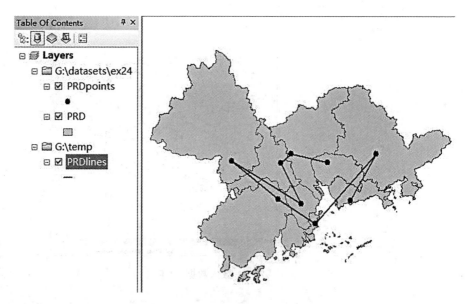

图 7-14　"Points to Line"输出结果

Analyst"前打钩)。

3. 建立 OD 数据 Network

(1)点击菜单"Customize"→"Toolbars"→"Network Analyst",打开"Network Analyst"工具条。点击"Network Analyst"→"New OD Cost Matrix",然后点击"Network Analyst window",如图 7-16 所示。

第三节　案例 2：城市间经济联系强度分析——以珠三角城市群为例

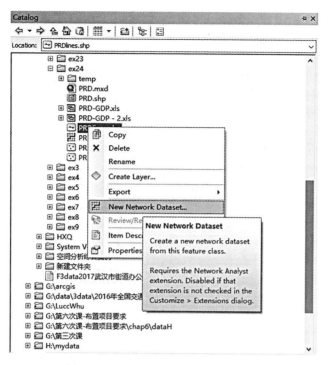

图 7-15　"New Network Dataset"对话框

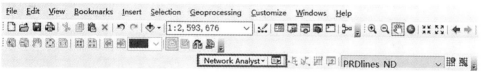

图 7-16　"Network Analyst"窗口

（2）在"Origin(0)"右键选择"Load Locations"，对话框中"Load From"选择"PRDpoints"并确定，将搜索容差（Search Tolerance）设置为"100 Meters"，如图 7-17、图 7-18 所示。同样地，在"Destinations(0)"右键选择"Load Locations"，对话框中"Load From"选择"PRDpoints"并确定。

（3）如图 7-19 所示，在"Network Analyst"工具条中点击"Solve"，即可生成城市间 OD 线路。

4. 计算经济联系

（1）右键单击"Lines"，选择"Joins and Relates"→"Joins"，对话框中首先根据"OriginID"进行"Join"，"table"选择"PRD-GDP. xls"中"Sheet1 $"，与"Excel"表中"ID"①

---

① Excel 表中城市所对应 ID 根据属性表中城市对应 ID 设置。

第七章　GIS 在城市流向分析中的应用

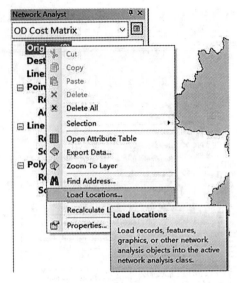

图 7-17　"Load Locations"对话框

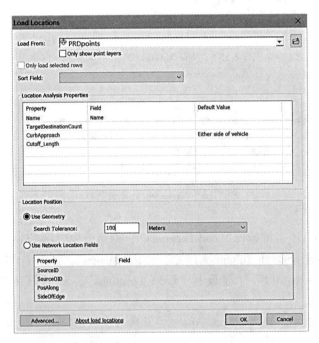

图 7-18　选择"Load Location"对象

匹配"Join"，如图 7-20 所示。同理，选择"PRD-GDP-2.xls"[①]，用"DestinationID"与 Excel 表中 ID 匹配 Join，如图 7-21 所示。

---

① 由于同一个 Excel 表不能被同一个属性表 Jion 两次，因此将 PRD-GDP.xls 复制成 PRD-GDP-2.xls，方便操作。

第三节 案例2：城市间经济联系强度分析——以珠三角城市群为例

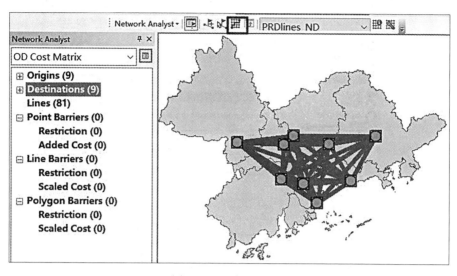

图 7-19　生成 OD 线路

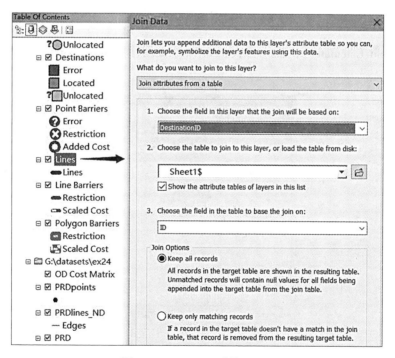

图 7-20　"OriginID 连接"匹配

（2）右键单击"Lines"，选择"Data"→"Export Data"，选择文件存放路径，命名为"eco_link.shp"，弹出对话框"是否将此文件加载进来"，选择"Yes"。右键单击"eco_link.shp"，选择"Open attribute table"，在"table options"下选择"Add Field"，新建一列命名为"eco_link"，类型选择为"double"，点击"OK"。选中新建的"eco_link"这一列，右键

179

第七章　GIS 在城市流向分析中的应用

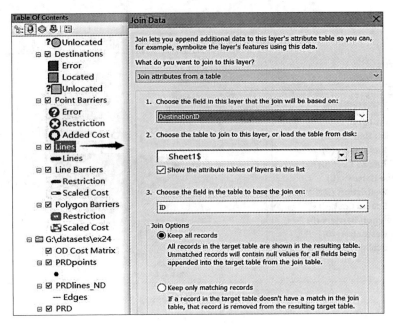

图 7-21　DestinationID 连接

单击选择"Field Calculator",输入公式,如图 7-22 所示,点击"OK",计算出经济联系的值。

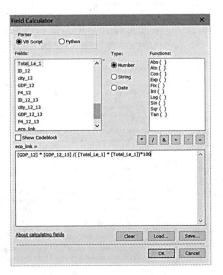

图 7-22　经济联系计算

5. 设置与调整

(1) 右键单击"eco_link.shp",选择"Properties"→"Symbology"(图 7-23),选择"Quantities"→"Graduated symbols"方式展示,"Value"选择"Linkage",根据需要设置分段

数、分段取值范围及线段样式，单击"Classify"可设置分段方法，也可在"Range"下方数字上单击，手动输入数字更改分段点。单击"Symbol"下方线段，可设置线段样式。

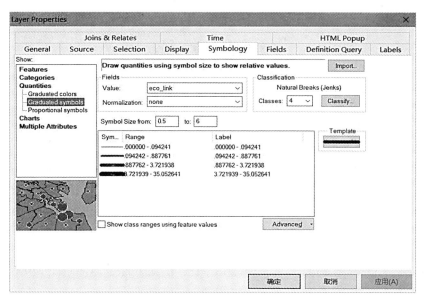

图 7-23　对经济联系进行符号化

（2）去掉"Lines""Origins"和"Destinations"前的对钩，右键单击"PRDpoints"，选择"Label Features"以显示城市名，最终结果如图 7-24 所示。

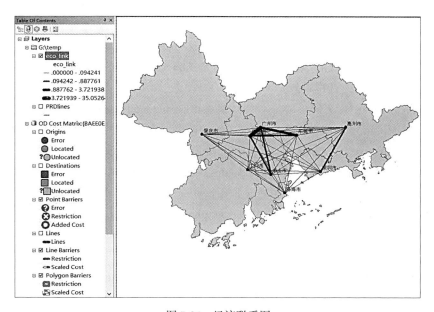

图 7-24　经济联系图

参 考 文 献

[1] Anas A, Arnott R, Small K A. Urban spatial structure[J]. Journal of Economic Literature, 1998, 36(3): 1426-1464.

[2] Anselin L. Local indicators of spatial association—LISA[J]. Geographical Analysis, 1995, 27(2): 93-115.

[3] Bavelas A. A mathematical model for group structure[J]. Applied Anthropology, 1948, 7(3): 16-30.

[4] Brunsdon C, Fotheringham A S, Charlton M E. Geographically weighted regression: a method for exploring spatial nonstationarity[J]. Geographical Analysis, 1996, 28(4): 281-298.

[5] Carroll S S, Cressie N. A comparison of geostatistical methodologies used to estimate snow water equivalent[J]. Water Resources Bulletin, 1996, 32: 267-278.

[6] Chang K T, 陈健飞. 地理信息系统导论[M]. 北京: 科学出版社, 2016.

[7] Charnes A, Cooper W W. Management models and industrial applications of linear programming[J]. Management Science, 1957, 4(1): 38-91.

[8] Cheng X, Long R Y, Chen H. Green competitiveness evaluation of provinces in China based on correlation analysis and fuzzy rough set[J]. Ecological Indicators, 2018(85): 841-852.

[9] Cochrane J L, Zeleny M. Multiple criteria decision making[M]. Columbia: University of South Carolina Press, 1973.

[10] Coffee N, Turner D, Clark R A, et al. Measuring national accessibility to cardiac services using geographic information systems[J]. Applied Geography, 2012, 34: 445-455.

[11] Collier P, Forrest D, Pearson A. The representation of topographic information on maps: the depiction of relief[J]. The Cartographic Journal, 2003, 40(1): 17-26.

[12] Collischonn W, Pilar J V. A direction dependent least-cost-path algorithm for roads and canals[J]. International Journal of Geographical Information Science, 2000, 14(4): 397-406.

[13] Crossland M D, Wynne B E, Perkins W C. Spatial decision support systems: an overview of technology and a test of efficacy[J]. Decision Support Systems, 1995, 14: 219-235.

[14] Crucitti P, Latora V, Porta S. Centrality measures in spatial networks of urban streets[J]. Physical Review E, 2006, 73(3): 1-5.

[15] DeMesnard L. Pollution models and inverse distance weighting: some critical remarks[J].

Computers & Geosciences, 2013, 52: 459-469.

[16] Declercq F A N. Interpolation methods for scattered sample data: accuracy, spatial patterns, processing time[J]. Cartography and Geographic Information Systems, 1996, 23(3): 128-144.

[17] Deo N, Pang C Y. Shortest-path algorithms: Taxonomy and annotation[J]. Networks, 1984, 14(2): 275-323.

[18] Dijkstra E W. A note on two problems in connexion with graphs[J]. Numerische mathematik, 1959, 1(1): 269-271.

[19] Falcucci A, Maiorano L, Ciucci P, et al. Land-cover change and the future of the Apennine brown bear: a perspective from the past[J]. Journal of Mammalogy, 2008, 89(6): 1502-1511.

[20] Fang C L, Yu D L. Urban agglomeration: an evolving concept of an emerging phenomenon[J]. Landscape and Urban Planning, 2017, 162: 126-136.

[21] Fotheringham A S, Charlton M E, Brunsdon C. Geographically weighted regression: a natural evolution of the expansion method for spatial data analysis[J]. Environment and planning A, 1998, 30(11): 1905-1927.

[22] Freeman L C. A set of measures of centrality based on betweenness[J]. Sociometry, 1977, 40(1): 35-41

[23] Gao X L, Xu Z M, Niu F Q, et al. An evaluation of China's urban agglomeration development from the spatial perspective[J]. Spatial Statistics, 2017, 21: 475-491.

[24] Getis A, Ord J K. The analysis of spatial association by use of distance statistics[J]. Geographical Analysis, 1992, 24(3): 189-206.

[25] Gong J X. Clarifying the standard deviational ellipse[J]. Geographical Analysis, 2002, 34(2): 155-167.

[26] Goodchild M. Spatial Autocorrelation, Concepts and Techniques in Modern Geography[M]. Norwich, UK: Geo Books, 1986.

[27] He J H, Li C, Yu Y, et al. Measuring urban spatial interaction in Wuhan Urban Agglomeration, Central China: a spatially explicit approach[J]. Sustainable Cities and Society, 2017, 32: 569-583.

[28] He S, Pan P, Dai L, et al. Application of kernel-based Fisher discriminant analysis to map landslide susceptibility in the Qinggan River delta, Three Gorges, China[J]. Geomorphology, 2012, 171-172(0): 30-41.

[29] Ichikawa H, Yamato N, Dustan P. Competitiveness of global cities from the perspective of the global power city index[J]. Procedia Engineering, 2017(198): 736-742.

[30] Jiang Y H, Shen J F. Measuring the urban competitiveness of Chinese cities in 2000[J]. Cities, 2010(27): 307-314.

[31] Kindall J L, Manen F T. Identifying habitat linkages for American black bears in North Carolina, USA[J]. The Journal of Wildlife Management, 2007, 71(2): 487-495.

参考文献

[32] Kresl P, Singh B. Competitiveness and the Urban Economy: twenty-four large US metropolitan areas[J]. Urban Studies, 1999, 36(5): 1017-1027.

[33] Kresl P, Singh B. Urban competitiveness and US metropolitan centres[J]. Urban Studies, 2012, 49(2): 239-254.

[34] Krugman P. What's new about the new economic geography?[J]. Oxford review of economic policy, 1998, 14(2): 7-17.

[35] Krugman P. Geography and trade[M]. Cambridge, MA: MIT Press, 1991.

[36] Lane S N, Richards K S, Chandler J H. Landform monitoring, modelling and analysis [M]. John Wiley & Sons, 1998.

[37] Laslett G M. Kriging and splines: an empirical comparison of their predictive performance in some applications[J]. Journal of the American Statistical Association, 1994, 89(426): 391-400.

[38] LeSage J P. A spatial econometric examination of China's economic growth[J]. Geographic Information Sciences, 1999, 5(2): 143-153.

[39] Lloyd C. Assessing the effect of integrating elevation data into the estimation of monthly precipitation in Great Britain[J]. Journal of Hydrology, 2005, 308(1): 128-150.

[40] Lösch A. Economics of location[M]. Translated by Woglom W H. New Haven: Yale University Press, 1954.

[41] Lucía Sáez, Iñaki Periáñez. Benchmarking urban competitiveness in Europe to attract investment[J]. Cities, 2015, 48: 76-85.

[42] Malczewski J. GIS and multicriteria decision analysis[M]. New York: John Wiley & Sons, 1999.

[43] McHarg I L. Design with Nature[M]. New York: Natural History Press, 1969.

[44] Meyer D R. A dynamic model of the integration of frontier urban places into the United States system of cities[J]. Economic Geography, 1980, 56(2): 120-140.

[45] Mitášová H, Mitáš L. Interpolation by regularized spline with tension: I. Theory and implementation[J]. Mathematical geology, 1993, 25(6): 641-655.

[46] Nordhaus W D. Geography and macroeconomics: new data and new findings[J]. Proceedings of the National Academy of Sciences of the United States of America, 2006, 103(10): 3510-3517.

[47] OECD. Competitive cities in the global economy[J]. 월간교통, 2006, 8: 1-50.

[48] Oliver M A, Webster R. Kriging: a method of interpolation for geographical information systems[J]. International Journal of Geographical Information System, 1990, 4(3): 313-332.

[49] Paez A, Gebre G M, Gonzalez M E, et al. Growth, soluble carbohydrates, and aloin concentration of Aloevera plants exposed to three irradiance levels[J]. Environmental and Experimental Botany, 2000, 44(2): 133-139.

[50] Phillips D L, Dolph J, Marks D. A comparison of geostatistical procedures for spatial

analysis of precipitation in mountainous terrain[J]. Agricultural and Forest Meteorology, 1992, 58(1): 119-141.

[51] Porta S, Latora V, Wang F H, et al. Street centrality and the location of economic activities in Barcelona[J]. Urban Studies, 2012, 49(7): 1471-1488.

[52] Porta S, Latora V, Wang F H. Street centrality and densities of retail and services in Bologna, Italy[J]. Environment and Planning B, 2009, 36(3): 450-465.

[53] Poter M E. The Competitive Advantage of Nations[M]. New York: the Free Press, 1990.

[54] Quah D. The global economy's shifting centre of gravity[J]. Global Policy, 2011, 2(1): 3-9.

[55] Redding S J. The empirics of new economic geography[J]. Journal of Regional Science, 2010, 50(1): 297-311.

[56] Robinson A H, Muehrcke J L, Kimerling P C, et al. Elements of cartography[M]. 6th ed. New York: Wiley, 1995.

[57] Royle A, Clausen F, Frederiksen P. Practical universal kriging and automatic contouring [J]. Geoprocessing, 1981, 1: 377-394.

[58] Rozenfeld H D, Rybski D, Gabaix X, et al. The area and population of cities: new insights from a different perspective on cities[J]. The American Economic Review, 2011, 101(5): 2205-2225.

[59] Scott L M, Janikas M V. Handbook of applied spatial analysis: Spatial statistics in ArcGIS [M]. Berlin: Springer Berlin Heidelberg, 2010: 27-41.

[60] Simini F, González M C, Maritan A, et al. A universal model for mobility and migration patterns[J]. Nature, 2012, 484(7392): 96-100.

[61] Steinitz C, Parker P, Jordan L. Hand-drawn overlays: their history and prospective uses[J]. Landscape Architect, 1976, 66(5): 444-454.

[62] Tan M H. Uneven growth of urban clusters in megaregions and its policy implications for new urbanization in China[J]. Land Use Policy, 2017(66): 72-79.

[63] Tarabanis K, Tsionas I. Using Network analyses for emergency planning in case of an earthquake[J]. Transactions in GIS, 1999, 3(2): 187-197.

[64] Tinbergen J. The use of models: experience and prospects[J]. The American Economic Review, 1981, 71(6): 17-22.

[65] Tobler W R. A computer movie simulating urban growth in the Detroit region[J]. Economic Geography, 1970, 46: 234-240.

[66] Turner M G. Landscapeecology: the effect of pattern on process[J]. Annual Review of Ecology & Systematics, 2003, 20(20): 171-197.

[67] van Herwijnen M. Spatial decision support for environmental management[D]. Berlin: Free University of Berlin, 1999.

[68] Wei Y D. Regional inequality in China[J]. Progress in Human Geography, 1999, 23(1): 49-59.

［69］Wei Y D. Beyond the Sunan model: trajectory and underlying factors of development in Kunshan, China[J]. Environment and Planning A, 2002, 34(10): 1725-1748.

［70］Wei Y D. Regional development in China: states, globalization and inequality[M]. London: Routledge, 2013.

［71］Wilson A. Entropy in urban and regional modelling: retrospect and prospect[J]. Geographical Analysis, 2010, 42(4): 364-394.

［72］Wilson J P, Gallant J C. Terrain analysis: principles and applications[M]. New York: Wiley, 2000.

［73］Yang X, Hodler T. Visual and statistical comparisons of surface modeling techniques for point-based environmental data[J]. Cartography and Geographic Information Science, 2000, 27(2): 165-176.

［74］Yu C, Lee J, Munro-Stasiuk M J. Extensions to least-cost path algorithms for roadway planning[J]. International Journal of Geographical Information Science, 2003, 17(4): 361-376.

［75］Zimmerman D, Pavlik C, Ruggles A, et al. An experimental comparison of ordinary and universal kriging and inverse distance weighting[J]. Mathematical Geology, 1999, 31(4): 375-390.

［76］Zipf G K. The P1P2/D Hypothesis: on the intercity movement of persons[J]. American Sociological Review, 1946, 11(6): 677-686.

［77］陈晨, 程林, 修春亮. 沈阳市中心城区交通网络中心性及其与第三产业经济密度空间分布的关系[J]. 地理科学进展, 2013, 32(11): 1612-1621.

［78］陈晨, 王法辉, 修春亮. 长春市商业网点空间分布与交通网络中心性关系研究[J]. 经济地理, 2013, 33(10): 40-47.

［79］陈晨, 修春亮. 基于交通网络中心性的长春市大型综合医院空间可达性研究[J]. 人文地理, 2014, 29(5): 81-87.

［80］程建权. GIS技术支持多指标综合评价[J]. 系统工程, 1997, 15(5): 50-56.

［81］程林, 王法辉, 修春亮. 城市银行网点及其与人口-经济活动关系的空间分析——以长春市中心城区为例[J]. 人文地理, 2015, 30(4): 72-78.

［82］封志明, 杨艳昭, 丁晓强, 等. 气象要素空间插值方法优化[J]. 地理研究, 2004, 23(3): 357-364.

［83］关兴良, 方创琳, 罗奎. 基于空间场能的中国区域经济发展差异评价[J]. 地理科学, 2012, 32(9): 1055-1065.

［84］郭庆胜, 杨族桥, 冯科. 基于等高线提取地形特征线的研究[J]. 武汉大学学报: 信息科学版, 2008, 33(3): 253.

［85］何红艳, 郭志华, 肖文发. 降水空间插值技术的研究进展[J]. 生态学杂志, 2005, 24(10): 1187-1191.

［86］侯贺平, 刘艳芳, 李纪伟, 等. 基于改进辐射模型的乡镇人口流动网络研究[J]. 中国人口·资源与环境, 2013, 23(8): 107-115.

[87] 黄端, 李仁东, 邱娟, 等. 武汉城市圈土地利用时空变化及政策驱动因素分析[J]. 地球信息科学学报, 2017, 19(1): 80-90.

[88] 黄飞飞, 张小林, 余华, 等. 基于空间自相关的江苏省县域经济实力空间差异研究[J]. 人文地理, 2009, 24(2): 84-89.

[89] 黄小芳. GIS 在城市土地利用生态适宜性评价中的应用——以上海市浦东新区为例[J]. 科学技术与工程, 2011, 11(31): 7841-7846.

[90] 蒋大亮, 孙烨, 任航, 等. 基于百度指数的长江中游城市群城市网络特征研究[J]. 长江流域资源与环境, 2015, 24(10): 1654-1664.

[91] 康苹, 刘高焕. 基于耗费距离的公路网络路径分析模型研究——以珠江三角洲公路网为例[J]. 地球信息科学学报, 2012, 9(6): 54-58, 132.

[92] 李翀, 杨大文. 基于栅格数字高程模型 DEM 的河网提取及实现[J]. 中国水利水电科学研究院学报, 2004, 2(3): 208-214.

[93] 李传哲, 于福亮, 刘佳. 分水后黑河干流中游地区景观动态变化及驱动力[J]. 生态学报, 2009, 29(11): 5832-5842.

[94] 李俊晓, 李朝奎, 殷智慧. 基于 ArcGIS 的克里金插值方法及其应用[J]. 测绘通报, 2013(9): 87-90.

[95] 李琳, 刘莹. 中国区域经济协同发展的驱动因素——基于哈肯模型的分阶段实证研究[J]. 地理研究, 2014, 33(9): 1603-1616.

[96] 李新, 程国栋, 卢玲. 青藏高原气温分布的空间插值方法比较[J]. 高原气象, 2003, 22(6): 565-573.

[97] 李煜伟, 倪鹏飞. 外部性、运输网络与城市群经济增长[J]. 中国社会科学, 2013(3): 22-42, 203-204.

[98] 李元臣, 刘维群. 基于 Dijkstra 算法的网络最短路径分析[J]. 微计算机应用, 2004, 25(3): 295-298.

[99] 林忠辉, 莫兴国. 中国陆地区域气象要素的空间插值[J]. 地理学报, 2002, 57(1): 47-56.

[100] 凌勇, 彭认灿. 基于明暗等深线与分层设色的海底地形立体表示方法研究[J]. 海洋测绘, 2009, 29(4): 29-31.

[101] 刘登伟, 封志明, 杨艳昭. 海河流域降水空间插值方法的选取[J]. 地球信息科学学报, 2012, 8(4): 75-79, 83.

[102] 刘旭华, 王劲峰. 空间权重矩阵的生成方法分析与实验[J]. 地球信息科学, 2002(2): 38-44.

[103] 刘学锋, 孟令奎, 李少华, 等. 基于栅格 GIS 的最优路径分析及其应用[J]. 测绘通报, 2004(6): 43-45.

[104] 刘瑜, 高勇, 张毅. 基于耗费场的最优路径算法研究[J]. 地理与地理信息科学, 2004, 20(1): 28-30.

[105] 鲁金萍, 杨振武, 孙久文. 京津冀城市群经济联系测度研究[J]. 城市发展研究, 2015, 22(1): 5-10.

[106] 鲁平俊, 唐小飞, 王春国, 等. 城市群战略与资源集聚效率研究[J]. 宏观经济研究, 2015(5): 150-159.

[107] 吕志强, 吴志峰, 程兰. 基于缓冲带的区域土地利用格局梯度分析[J]. 水土保持研究, 2008, 15(6): 72-77.

[108] 倪鹏飞. 中国城市竞争力与基础设施关系的实证研究[J]. 中国工业经济, 2002(5): 62-69.

[109] 潘少奇, 李亚婷, 高建华. 中原经济区经济联系网络空间格局[J]. 地理科学进展, 2014, 33(1): 92-101.

[110] 庞国锦. 基于GIS与RS的兰州城市建设用地扩展研究[D]. 兰州: 兰州大学, 2011.

[111] 曲均浩, 程久龙, 崔先国. 垂直剖面法自动提取山脊线和山谷线[J]. 测绘科学, 2007, 32(5): 30-31.

[112] 宋小冬, 叶嘉安, 钮心毅. 地理信息系统及其在城市规划与管理中的应用[M]. 2版. 北京: 科学出版社, 2010.

[113] 苏方林. 基于地理加权回归模型的县域经济发展的空间因素分析——以辽宁省县域为例[J]. 学术论坛, 2005 (5): 81-84.

[114] 孙贤斌, 刘红玉. 基于生态功能评价的湿地景观格局优化及其效应——以江苏盐城海滨湿地为例[J]. 生态学报, 2010 (5): 1157-1166.

[115] 覃文忠. 地理加权回归基本理论与应用研究[D]. 上海: 同济大学, 2007.

[116] 谭仁春, 杜清运, 杨品福, 等. 地形建模中不规则三角网构建的优化算法研究[J]. 武汉大学学报: 信息科学版, 2006, 31(5): 436-439.

[117] 汤国安. 我国数字高程模型与数字地形分析研究进展[J]. 地理学报, 2014, 69(9): 1305-1325.

[118] 汤国安, 龚健雅, 陈正江, 等. 数字高程模型地形描述精度量化模拟研究[J]. 测绘学报, 2001, 30(4): 361-365.

[119] 汤庆园, 徐伟, 艾福利. 基于地理加权回归的上海市房价空间分异及其影响因子研究[J]. 经济地理, 2012, 32(2): 52-58.

[120] 万庆, 吴传清, 曾菊新. 中国城市群城市化效率及影响因素研究[J]. 中国人口·资源与环境, 2015, 25(02): 66-74.

[121] 王坚强. 几类信息不完全确定的多准则决策方法研究[D]. 长沙: 中南大学, 2005.

[122] 王劲峰, 孙英君, 韩卫国, 等. 空间分析引论[J]. 地理信息世界, 2004, 2(5): 6-10.

[123] 王喜, 秦耀辰, 张超. 探索性空间分析及其与GIS集成模式探讨[J]. 地理与地理信息科学, 2006, 22(4): 1-5.

[124] 王秀兰, 包玉海. 土地利用动态变化研究方法探讨[J]. 地理科学进展, 1999(1): 83-89.

[125] 魏丽华. 论城市群经济联系对区域协同发展的影响——基于京津冀与沪苏浙的比较[J]. 地理科学, 2018, 38(4): 575-579.

[126] 吴常艳, 黄贤金, 陈博文, 等. 长江经济带经济联系空间格局及其经济一体化趋势[J]. 经济地理, 2017, 37(7): 71-78.

[127] 吴樊, 俞连笙. 基于DEM的地貌晕渲图的制作[J]. 测绘信息与工程, 2003, 28(1): 31-32.

[128] 吴信才. 地理信息系统原理与方法[M]. 3版. 北京: 电子工业出版社, 2014.

[129] 武文一, 刘瑛, 杨晓晖. 基于GIS和RS的煤矿区土地利用景观格局梯度变化研究[J]. 水土保持研究, 2011, 18(6): 177-179.

[130] 线实, 陈振光. 城市竞争力与区域城市竞合: 一个理论的分析框架[J]. 经济地理, 2014, 34(3): 1-5.

[131] 许庆明, 胡晨光, 刘道学. 城市群人口集聚梯度与产业结构优化升级——中国长三角地区与日本、韩国的比较[J]. 中国人口科学, 2015(1): 29-37, 126.

[132] 薛树强, 杨元喜. 广义反距离加权空间推估法[J]. 武汉大学学报: 信息科学版, 2013, 38(12): 1435-1439.

[133] 杨德麟. 数字地面模型[J]. 测绘通报, 1998(3): 37-38, 44.

[134] 杨伟肖, 孙桂平, 马秀杰, 等. 京津冀城市群经济网络结构分析[J]. 地域研究与开发, 2016, 35(2): 1-5, 57.

[135] 杨效忠, 刘国明, 冯立新, 等. 基于网络分析法的跨界旅游区空间经济联系——以壶口瀑布风景名胜区为例[J]. 地理研究, 2011, 30(7): 1319-1330.

[136] 余明, 艾廷华. 地理信息系统导论[M]. 北京: 清华大学出版社, 2009.

[137] 詹璇, 林爱文, 孙铖, 等. 武汉市公共交通网络中心性及其与银行网点的空间耦合性研究[J]. 地理科学进展, 2016, 35(9): 1155-1166.

[138] 张松林, 张昆. 全局空间自相关Moran指数和G系数对比研究[J]. 中山大学学报: 自然科学版, 2007, 46(4): 93-97.

[139] 张旭亮, 宁越敏. 长三角城市群城市经济联系及国际化空间发展战略[J]. 经济地理, 2011, 31(3): 353-359.

[140] 赵勇, 魏后凯. 政府干预、城市群空间功能分工与地区差距——兼论中国区域政策的有效性[J]. 管理世界, 2015(8): 14-29, 187.

[141] 赵作权. 地理空间分布整体统计研究进展[J]. 地理科学进展, 2010, 28(1): 1-8.

[142] 赵作权. 空间格局统计与空间经济分析[M]. 北京: 科学出版社, 2014.

[143] 郑宝山. 浅谈多准则判断的界定及特征[J]. 吉林广播电视大学学报, 2012(6): 90-91.

[144] 周灿, 曾刚, 宓泽锋, 等. 区域创新网络模式研究——以长三角城市群为例[J]. 地理科学进展, 2017, 36(7): 795-805.

[145] 周成虎, 裴韬. 地理信息系统空间分析原理[M]. 北京: 科学出版社, 2011.

[146] 朱会义, 李秀彬. 关于区域土地利用变化指数模型方法的讨论[J]. 地理学报, 2003(5): 643-650.

[147] 朱庆, 陈楚江. 不规则三角网的快速建立及其动态更新[J]. 武汉测绘科技大学学报, 1998, 23(3): 204-207.